山西省水利科学技术研究与推广项目（编号 2018822）

复杂结构高坝变形监控方法研究

周永红　方卫华　魏　广　原建强◎著

河海大学出版社
HOHAI UNIVERSITY PRESS
·南京·

图书在版编目（CIP）数据

复杂结构高坝变形监控方法研究/周永红等著.
—南京:河海大学出版社,2020.12
ISBN 978-7-5630-6698-8

Ⅰ. ①复⋯　Ⅱ. ①周⋯　Ⅲ. ①高坝—变形观
测—研究　Ⅳ. ①TV649

中国版本图书馆 CIP 数据核字(2020)第 266484 号

书　　　名/复杂结构高坝变形监控方法研究
书　　　号/ISBN 978-7-5630-6698-8
责任编辑/卢蓓蓓
责任校对/张心怡
封面设计/除娟娟
出版发行/河海大学出版社
地　　　址/南京市西康路 1 号(邮编:210098)
电　　　话/(025)83737852(行政部)　(025)83722833(营销部)
经　　　销/江苏省新华发行集团有限公司
排　　　版/南京月叶图文制作有限公司
印　　　刷/广东虎彩云印刷有限公司
开　　　本/787 毫米×960 毫米　1/16　13.5 印张　245 千字
版 印 次/2020 年 12 月第 1 版　2020 年 12 月第 1 次印刷
定　　　价/58.00 元

前　　言

　　大坝变形是多种因素综合作用的结果,是反映大坝安全状态的重要物理量。由于大坝变形的直观性和易于观测性,因此是大坝最常见的监测项目之一,具有广泛的研究基础。通过拟定变形监控指标实现对大坝安全状态的实时在线或快速分析判断,是大坝安全工作者长期努力的目标。但大坝变形是在水荷载、温度作用、渗流效应、结构扰动、材料徐变及基础约束作用下的综合效应,其本身既包含着丰富的信息,但也使得分析难度增大,要想实现对大坝变形的深入分析必须具备深厚的力学、材料学和统计学相关知识。

　　国内大坝变形监控指标的研究从 20 世纪 80 年代开始,先后采用典型监测效应量小概率法、置信区间法、极值分析法和结构分析法等方法。典型监测效应量小概率法和极值统计方法对样本选取的依赖性强,置信区间法在数学模型的基础上结合模型误差进行区间估计,具有较强的物理意义。

　　大变形分析、强度折减法、弹塑性分析等基于数值模拟的结构分析法已经得到一定程度的研究,但由于大坝变形是在多种因素作用下的结果,因此采用多场数值模拟更加合理。考虑到碾压混凝土大坝变形是水压、温度和应力多因素共同作用的结果,采用基于多场耦合的三维有限元方法,根据不同运行工况进行数值置信区间法的预警指标研究具有更明确的物理意义。

对于结构性态变化或运行荷载演化较快的大坝而言,其实测数据是一个非平稳随机过程,考虑到大坝变形预警指标是在大坝性态恶化条件下的临界值,难以找到大量的训练样本,而统计学习理论具有稀疏性、小样本和泛化能力强等特征,对结构性态演化快速条件下的预警指标拟定更加适用。

本书在分析碾压混凝土重力坝变形影响因素的基础上,针对典型工况和已有测点实现网格优化,在此基础上采用基于多场耦合的三维有限元数值模拟方法揭示了典型测点的失效模式及相应的变形预警指标。根据面板堆石坝实测资料的相关分析,建立了小样本条件下坝面代表性变形测点的相关向量机模型,为基于置信区间法拟定大坝变形监控指标奠定了基础。

本书得到山西省水利厅科技与推广项目(项目编号:2018822)的支持,是课题组集体工作的结晶,参加本书相关工作的还有张健飞、王嘉华和丁军磊,全书由河海大学余天堂教授审定。

受作者水平所限,本书缺点和不足一定不少,恳请业内专业人士批评指正。

作者

2020 年 8 月

目　　录

1 绪 论

1.1 研究背景和意义

1.1.1 研究背景

随着三峡、锦屏一级、溪洛渡、白鹤滩、乌东德、向家坝、两河口、双江口等大型水利水电工程的建成,我国已成为坝工大国,其中高坝大库的坝高、库容或装机容量等都位于世界前列。这些高坝大库在防洪、供水和发电等方面发挥着巨大作用,并产生巨大的经济效益、社会效益和生态环境效益。

一旦高坝大库失事,会导致极其严重的后果。自 19 世纪起,世界范围内相继发生了一系列溃坝事件,其中影响较严重的有圣弗朗西斯重力坝,马尔巴塞特拱坝,季尔良斯克土坝等事件[2],2019 年印度修建 42 年之久的贾坎德邦大坝坍塌,更是令人震惊。而我国近年来也曾发生过多起严重的大坝事故,如 2010 年郑州双井大坝遭降雨渗透破坏,2015 年重庆金佛山大坝坝体坍塌,2018 年寿光营里大坝洪水漫顶。这些事故所造成的人员伤亡和巨大损失引起了各国政府对于大坝安全的高度重视,人们对于大坝安全监控的意识也逐渐加强。

大坝安全监控建立在信息感知的基础之上,由于大坝变形特别是外部变形监测方法众多且具有直观可校核等特点,使得变形监控成为所有监测项目中的研究热点并并受到广泛应用。大坝安全监控方法主要包括基于实测资料的分析和实测资料结合数值模拟的混合方法。由于结构、材料和运行环境的复杂性,单凭一种方法难以全面有效监控大坝安全。随着经典单一荷载数值计算向多场耦合方向发展和传统数理统计向机器学习的进化,科研人员有必要跟随科技发展的脚步,研究多场耦合数值分析和基于机器学习的变形监控方法。

大坝种类众多,结构和施工方法各异,有必要选择典型的大坝进行分析研究。本书选择具有代表性的深厚覆盖层上的碾压混凝土重力坝和面板堆石坝作为研究对象,对变形监控方法进行研究。

1.1.2 研究意义

大量工程实践表明,对数值计算方法和实测资料的分析极为重要。这一过程不仅有助于研究人员了解混凝土坝的安全状况,指导工程运行,还能促进相关学科的发展。本书的研究意义如下:

(1)改进大坝数值分析模型,改良监控物理条件。搜集大量与坝体变形相关的赋存条件以及环境量信息,通过变形机理分析建立大坝数值模型,达到改进大坝数值分析模型的目的。

(2)改进大坝安全监控模型,提高智能化水平。研究机器学习的最新进展及其与大坝原始监测数据的匹配性和适用性,为提高大坝安全监控的智能化水平创造条件。

(3)增加学科交叉,推动科技进步。通过数值模型和机器学习的交叉研究推动计算数学、力学、统计学和人工智能交叉学科的融合,促进相互发展。

1.2 多相多场耦合理论

大坝工程多相耦合包括泥沙沉积、输运,工程结构的冲刷、侵蚀破坏,水工程的渗透破坏、冰水交互荷载,水气界面和液固边界层等。水工程多场耦合包括应力/应变场-温度场-渗流场-流场之间的相互作用。多相多场耦合的典型问题包括带自由面的流固耦合问题、非饱和多孔介质的固结问题以及含气输水管道的振动问题等。真实的水工程多场耦合往往涉及固、液、气(汽)多相之间和多场之间的相互耦合作用,但由于问题较为复杂,常常采用解耦或弱化耦合的方法来处理工程问题,如采用饱和渗流问题近似非饱和渗流问题,采用非饱和渗流问题近似固结问题等。多相多场耦合从耦合作用分布上可以分成界面耦合和整体耦合,前者可以将流固之间的作用看成面荷载或边界条件,后者可以看成体积荷载或内部边界条件。

1.2.1 研究进展

1.2.1.1 理论模型

水流与河道、岸堤和水工建筑物之间耦合作用的典型现象包括岸坡失稳、层流失稳、紊流溃灭、泥沙输移、侵蚀冲刷、淘刷崩岸及河势调整等,从而使得水流、泥沙、床堤等构成一个多相多场耦合的系统。文献[1]以非线性的浅水方程为基础建立近岸平面二维隐格式潮流-波浪耦合模型,采用有限体积方法离散方程,使用 Quadtree 非结构同位网格,应用 SIMPLEC 求解离散控制方程。为避免棋盘式波动,采用 Rhie-Chow 的动量插值方法计算界面通量,整体方程组采用最小残差法(GMRES)求解,并利用预条件的不完全 Lu 分解方法加速其收敛性,提高计算效率。以能考虑折射、绕射、衍射以及破碎影响的多向不规则波作用量守恒方程为波浪基础模型,以波浪幅射应力反映波浪对水体的驱动力。典型过程为:双曲型缓坡方程-(计算)-波浪场-(辐射应力)-浅水方程-(计算)-波生流场-浅水方程-(计算)-波生流场。

文献[2]以常曲率窄深型河流(河湾)为背景,对流动稳定性特征进行了研究,得到了弯道层流理论计算公式和临界雷诺数计算公式。多相多场耦合问题首先需要建立相应的数学模型,针对工程中的多相多场耦合问题,文献[3]针对工程岩体地下水的运动特征,考虑温度作用建立了渗流-应力-温度耦合作用数学模型。文献[4-6]对流固两相耦合问题进行了系统总结。

势流理论假设流体无黏、无漩、无热转换、不可压缩且流体域的边界运动很小,计算中未知量仅包括速度势。Housner 模型采用等效弹簧质量系统来模拟流体对结构的压力作用。以上两种模型在流-固耦合中都偏重流体对结构的作用研究。三维渡槽体系流-固耦合模态分析表明,两种模型的振动都是从流体开始的,结构前5阶动力特性是一致的,Housner 模型的振动频率偏低[7]。动力时程分析可知 Housner 模型结构动力响应偏大,结果较安全。

文献[8]系统综述了裂隙岩体渗流分析的各类模型,从各类模型所反映的渗透机理出发,阐明了它们的优缺点、适用条件及其工程应用情况。在分析比较的基础上指出,集等效连续介质模型和离散裂隙网络模型优点的等效-离散耦合模型是有实用前景的裂隙渗流模型。文献[9]给出了用结构位移与流体速度势作为未知量的结构-水流耦合系统的控制方程与定解条件,应用加权余量伽辽金方法导出了系统的有限元方程,对某弧形闸门的动力特性进行了详细分析,得出了弧形闸门在不同开度下流固耦合的理论模态特性。文献[10]利用有限元方法,建立了一个描述可变形饱和储层中流体流动的数值模型。该模型由一组完全耦合的控制方程组成,包括岩石骨架的平衡方程和流体在多孔介质中流动的连续性方程,模型中采用了基于 Mohr-Coulomb 屈服面的弹塑性本构关系。利用有限元方法得到了控制方程中未知的位移和流体压力在几何域上的耦合解。接着用全隐式数值格式对上述方程在时间域上进行求解,得到了完全耦合的有限元离散方程,并研究了该数值模型的稳定条件。该模型在石油工程中有广泛的应用,为可变形饱和流固耦合的数值模拟奠定了理论基础。

文献[11]利用广义的 Biot 理论建立了一个完全耦合的数学模型,它描述可变形油藏中岩石变形和油水流动相互作用。模型中假设岩石骨架具有弹塑性本构特性,流体具有可压缩性。以岩石骨架位移和油水压力为未知变量建立的控制方程包括岩石骨架的平衡方程和流体的连续性方程。

水工程稳定性不仅与直接作用在水工程上的水荷载直接相关,而且与基础的稳定性直接相关。波浪和水流是影响海洋水工程基础稳定的关键因素。文献[12]利用 Biot 二维固结理论,计算出波浪引起的海床应力场;在假设海床土体的黏聚力不受波浪作用影响的条件下,推导出了波浪导致弱黏性土或粉土海床失稳的破坏准则,结果表明,土体黏聚力对海床稳定性影响明显。

从建模方法上,文献[13]应用 Hamilton 变分原理对包含自由表面的单层流体和双层流体的波动及其相关问题进行了研究。在构造 Hamilton 函数的基础上通过变分原理推导出满足辛性质的 Hamilton 正则方程,并根据 Hamilton 正则方程的特性,得到线性方程的解析解和非线性方程的行波解。对高阶 Hamilton 正则方程,构造和建立守恒性质有限元方法并进行数值计算。根据双曲方程的性质和溃坝问题的特征,提出特征线-欧拉格式。

多相多场耦合模型一般包括质量守恒方程、动量守恒方程、能量守恒方程和熵不等式,为使得问题封闭必须增加相应的状态方程和本构方程。为使得问题容易解决,有时会忽略某些次要因素,建立宏观平均方程或利用经验公式简化模型。

1.2.1.2　计算分析

由于多相多场耦合问题本身的非线性和复杂的边界条件,尤其是工程问题,很难得到解析解,因此数值分析成为多相多场耦合的重要研究内容之一。计算分析需要在保证计算精度和可靠性的条件下,有效解决动边界、非线性、收敛性和计算复杂度等问题,针对上述问题,许多学者对数值计算具体多相多场耦合问题进行了分析研究。文献[14]针对异重流的特征,在建立具有各向异性浮力紊动特征的三维异重流运动方程的基础上,针对复杂边界和计算域,采用非结构同位网格上的 SIMPLEC 算法计算了 15°斜坡底面上异重流的潜行过程,得到了异重流的运动特征和形态。水工程冲刷、渗透破坏和泥沙淤积等水工程安全中涉及的异重流问题是典型的多相耦合问题,必须考虑各相之间的相互作用,特别要考虑其对状态方程的影响,控制方程包括连续方程、动量方程和物质输运方程。

深入了解结构振动对流场的影响以及非定常流场对结构的激振作用,对于避免流体诱发共振从而提高结构的可靠性和安全性具有重要意义。文献[15]从理论角度,提出一种基于压力泊松方程的整体积分紧耦合算法和基于 LES 流体求解器的预估-校正同步迭代强耦合算法,给出了相关的数值算例,并通过与其他文献计算结果的比较,验证了该方法的有效性和准确性。

流固耦合分强耦合和弱耦合[16-21],强耦合就是固相和液相采用统一一致的耦合偏微分方程组,同步计算。流固弱耦合方法通过对流场和结构分别进行计算,相互映射流固耦合面压强、位移等数据,最终得到收敛解。弱耦合方法可以利用原有程序,降低耦合算法的实现难度。文献[22]在介绍了弱耦合各类算法的基础上,对弱耦合算法中涉及到的搜索算法、匹配准则、数据映射和等效,以及流体网格更新等各类问题进行了研究,并对这些算法进行了优化,给出了各个算法详细的推导过程。

在流固耦合问题中,传统基于网格的方法在小变形问题上能给出较为令人满意的答案,但是当流固耦合系统中出现大变形时,基于网格的方法在生成网格时容易出现病态,会降低计算精度。为此出现了浸没边界法和虚构域法等非边界适应方法,同时也出现了如光滑粒子流、无单元法和格子玻尔兹曼等无网格法[23]。在流固耦合方面,多层动网格技术[24]和虚拟区域法已经得到深入研究[25]。

由于多相多场耦合问题的巨大计算和存储要求,针对结构网格 CFD 并行计算中的负载平衡问题,文献[27]基于排序理论设计了 LPT(Largest Processing Time)近似负载平衡算法。改进方法首先利用贪心策略理论对应用 LPT 近似算法求解负载平衡问题的可行性与局限性进行了证明与理论分析,并提出了一种 LPT 改进优化算法,数值仿真表明改进优化算法比 LPT 近似算法在负载分配上更为均衡。

为利于非线性问题的迭代收敛,一般采用亚松弛处理,以限制相邻两层次之间待求量的变化。以相近两次迭代残差范数的比作为控制输入,松弛因子的变化率作为输出,若残差范数比值较大,迭代可能趋于发散,应减少松弛因子。比值较小,应增大松弛因子,以加速收敛速度。文献[28]将相邻两次迭代中动量方程或能量方程残差范数的比值作为控制输入量,经过模糊化、模糊推理和解模糊,输出亚松弛因子的变化率,并以新的亚松弛因子进行下一次迭代,改进 SIMPLER 算法求解黏性流场亚松弛因子。文献[29]将大型柔性结构低频振动和流场的流固耦合问题视为无黏性、不可压缩、无旋流动平面问题,基于偶极子配置法,提出了一种在结构和流体接触面上混合配置源汇和偶极子的奇点配置法。该方法能够计算翼型、柱型等结构在流场中低速振动时诱导的流体流场并推导出流场的动能表达式,最终得到流体附加质量。

水气耦合是水工程面临的重要多相耦合问题之一,如大坝的泄洪、消能、雾化以及波浪破碎变形等。针对界面和边界多相耦合中水气耦合作用的数值模拟,Lombardi[30]、Liu[31]等采用刚盖假定,在假定界面始终保持平面运动的前提下,考虑了水气之间的相互作用,模拟了水气边界层的湍流运动。Fulgosi 等[32]采用界面运动贴体坐标,通过界面上的速度及应力等边界条件连接耦合水气两相,模拟了小振幅界面波附近的湍流结构。Lin 等人[33]也对两相湍流进行了直接数值模拟,但在界面附近对边界条件进行了线性化处理。上述数值模型都只能适用于界面平稳或变化比较小的情形,无法有效解决界面破碎及气泡等界面大变形模拟问题。

文献[34]采用有限体积方法离散基于单流体模型的水气两相流模型,采用固定网格下的单流体模型,对瞬变的自由界面进行捕捉,再用统一的数值模式对界面两侧的水气两相进行直接计算,无须通过显式的边界条件就可以自动实现两相间的耦合,保证了在密度不连续和具有奇异源项条件下的计算稳定性和"隐式"地模拟亚网格尺度湍流的黏性效应,从而有效地模拟了风驱动水面波(风波)的发生和演化过程,再现了水气两相流空气侧涡旋运动演化规律、涡旋的主要结构特点、涡旋结构与雷诺应力的关系,以及两相流中流向涡输运过程的主要特征。

文献[35]采用了 RNG k-ε 紊流模型,利用 VOF 方法追踪自由表面,采用结构化网格及非结构化网格相结合的方法,通过大型流体力学软件 Fluent 对跌坎式消力池进行三维数值模拟计算,得到了水面线、流速及时均压力等水力学参数的分布规律。

宽尾墩与阶梯溢流坝联合消能是一种新型坝面泄流形式的消能工[36-37]。由于宽尾墩和阶梯的共同作用,其水流表现出很强的三维特性,水气二相混掺剧烈。对消能流场的三维数值模拟,文献[38]采用双方程紊流模型对 X 型宽尾墩-阶梯溢流坝联合消能的三维流场进行了全场数值模拟,给出了压力特性、流速分布、阶梯及宽尾墩墩后水气两相流的部分特性,计算结果与模型试验数据对比,两者吻合良好,计算发现,在第一级阶梯脱体处存在负压,随后在试验中得到了验证,研究结果表明采用 X 型宽尾墩-阶梯溢流坝联合消能,阶梯坝面上能形成明显的纵、横向旋滚,可以提高消能效果[38-39]。

由于弯曲河道特殊的几何特征和边界条件,使得水流具有明显而复杂的三维特性,包括特有的由纵向水流和副流叠加所形成的螺旋流。文献[39-40]采用有限体积法离散三维标准 k-ε 紊流模型、RNG k-ε 紊流模型和 Reynolds 应力模型,应用 VOF 法追踪自由表面,以 PISO 方法对压力场和速度场进行计算,得到了各紊流模型对该弯道水流的水力特性。研究认为,标准 k-ε 模型不能很好模拟具有强弯曲率的弯道水流,Reynolds 应力模型能较为成功地预测弯道水流的紊流场,RNG k-ε 模型的计算准确性较 Reynolds 应力模型差,但具有计算量小的优点。总之,针对自由表面问题,目前应用比较多的是 VOF 方法,而针对流固动边界问题,一些文献采用 Arbitrary Lagrange-Euler(ALE)或浸入边界法(IBM)[41-44]。

由于流体动力学和结构动力学的控制方程通常是分别建立在 Euler 和 Lagrange 描述体系下的,且流固两种介质物性参数差异大,耦合形成的基于 Lagrange-Euler(LE)的有限元等数值离散控制方程均为非对称的大型非线性矩阵。对流特性及近壁区流体网格的变异等因素容易导致控制方程系数矩阵的病态,从而极大地增加数值求解的困难,甚至导致求解失败。广义最小残数法(GMRES)是解决此类大型非对称病态系统最为有效的数学工具之一。通过广义变分原理可以获得不可压缩黏性流场-小变形弹性结构的流固耦合方程,通过有限元离散可以获得强耦合流激振动的控制方程组,在此基础上应用广义梯形法将变量型控制方程转化为增量型线性方程组,即形如 $Ax = b$ 的方程组,其中矩阵 A 为含有对流、扩散以及时间因子的非对称矩阵。应用 Ayachour 改进的 GMRES 重启动算法求解增量控制方程组,再结合 Hughes-Newmark 法迭代求下一时刻结构的流激振动响应。文献[45]使用混合广义变分原理,将基于 Lagrange 表述的小位移变形结构振动问题与基于 Euler 描述的不可压缩黏性流动问题统一在功率平衡的框架下建立流固系统的耦合控制方程。用有限元格式做空间离散后,再用广义梯形法将有限元控制方程转化为增量型的线性方程组。由于矩阵中元素含对流效应和时间因子,该方程组的系数矩阵具有非对称性。将广义最小残数法(GMRES)算法与振动分析的 Newmark 法和流动分析的 Hughes 预测多修正法结合,发展成一种基于 GMRES-Hughes-Newmark 的稳定算法,用于计算具有复杂几何边界的强耦合流激振动问题。混流式水轮机叶道数值计算显示,模拟效果较好。

非饱和土渗流固结问题不考虑骨架变形时,是气液两相耦合问题,考虑固体骨架变形和渗透破坏时,则是固液气多相多场耦合问题。文献[46]针对降雨入渗、非饱和蒸发入渗面、密集排水孔幕等对工程渗流特性有影响的问题,在固定网格节点虚流量法的基础上,针对自由面渗流问题提出了改进节点虚流量法,并针对逸出面边界、纯虚单元及过渡单元处理等给出了严密的数学描述。提出了非饱和蒸发入渗面的严密精细的数值模拟方法,定量分析了非饱和蒸发入渗面的作用。孔隙介质中流场的计算精度取决于动量方程的离散格式。孔隙介质中流体的动量方程离散格式主要有积分有限差分方法、中心差分格式、自适应多尺度有限体积法、多尺度有限元和流函数混合法等。目前研究的时空守恒元/解元方法(CE/SE)是一种针对双曲型偏微分方程的全新高精度计算格式[47]。

波流导致的河/海床失稳主要形式包括剪切破坏和液化,文献[48]基于Yamamoto的多孔弹性介质模型,研究了波生底床的稳定性。针对三种土质底床,通过给出有限深底床下土响应分析解,讨论了主要波参数和土参数对这些底床稳定性的影响,并与其他土模型计算结果进行了比较,在此基础上分析了海洋土内部 Coulomb 摩擦因素的影响。

基于混合物理论的两相多孔介质模型,将固相骨架看作是各向同性介质,将孔隙液体看作是理想流体,文献[49]建立了固相骨架变形与液相流体流动相互耦合的动力控制方程。利用拉普拉斯变换技术,得到了液饱和两相多孔介质一维问题的动力响应解析解。同时采用 Galerkin 加权残值法导出液饱和两相多孔介质动力响应问题的罚有限元公式。通过在连续方程中引入压力与罚参数之比项,消去控制方程中的压力项,降低了节点自由度和方程的规模。在此基础上采用关联流动法则,把固相骨架的本构关系由线弹性本构进一步发展成为弹塑性本构,并推导出了液饱和两相多孔介质的弹塑性动力有限元基本方程,接着还给出了运用 Newmark 隐式积分法求解的适合于两相多孔介质的非线性迭代解法。

多孔介质流固耦合方面的研究比较多,相对而言,多孔介质热力耦合研究相对比较少。文献[50]对饱和多孔介质热固结问题进行了研究,给出了圆柱问题的解析解。

多孔介质与流体的相互作用以及其对弹塑性波传播的影响是水工程安全的基本问题。在动力方面,两种不相混流体饱和的孔隙介质中存在着单相饱和多孔弹性介质之外的第三种纵波[51-55],层状介质或自由表面的界面处面将存在如Rayleigh 波、Stonelety 波和 Love 波等表面波。文献[56]对梯度饱和土瞬态响应进行了分析。文献[57]基于 Biot 双相孔隙弹性介质理论,首次研究了边界条件对弹性波传播的影响。文献[58]在忽略流体和固相骨架之间的惯性耦合条件下给出了饱和孔隙弹性介质非封闭 Rayleigh 波频散方程。文献[59]的数值研究发现,扩展的 Rayleigh 波速总是复数,因为与弹性介质不同,饱和多孔弹性介质中的 Rayleigh 波在传播方向存在波能耗散[60]。

基于三相孔隙弹性介质理论,文献[61]推导出两种不相混的、黏性的、可压缩的流体饱和孔隙介质 Rayleigh 波控制方程。三次多项式 Rayleigh 波频散方程解析表达式求解结果表明,该种介质存在三种在一定的频率范围内(1 Hz～1 MHz)的 Rayleigh 波。数值模拟显示含水饱和程度对三种波的传播速度和衰减有明显影响。文献[62]利用时间分解的交错网格差分法模拟了两相流体饱和孔隙介质中的声波传播,并对其特征进行了详细分析。

基于线弹性理论和 Biot 多孔介质模型,文献[63]分析了含液饱和多孔二维简支梁的动力响应,其中考虑了固体颗粒和流体的可压缩性以及孔隙流体的黏滞性。通过 Fourier 级数展开和常微分方程组的求解,得到了含液饱和多孔二维梁动力响应问题的解,并将其退化为单相固体二维梁的情形与 Bernoulli-Euler 梁和 Timoshenko 梁的自由振动相比较。分析了表面渗透条件、孔隙流体渗透系数和荷载频率等参数对含液饱和多孔二维梁的自由振动频率、固相位移和孔隙流体压力等物理量的影响。

Gassmann 理论主要基于流、固应力应变的静态关系,没有考虑惯性效应[64-69]。Biot 引入达西定律,将孔隙流近似为管道 Poiseuille 流[70],此时孔隙流与固相骨架发生相对运动,流固界面由于摩擦造成速度频散与能量衰减。White 模型基于岩石在颗粒、孔隙分布上的非均匀性,考虑局部发生流体颗粒的质量交换。由于多相介质中,孔隙气和孔隙水体积模量差异很大,在激励下气水界面将发生耗散性张弛。为此基于多相流体的渗入,局域-喷射流机制被提出。研究认为[71-76],在动态情况下单相饱和流体和非均匀孔隙结构均可能存在喷射流。Dvorkin 将岩体内 Biot 流与喷射流相结合提出了 BISQ 理论,Nie 提出了黏弹性 BISQ 模型。在考虑双重孔隙介质下,流体应变增量在频率域的定义:

$$i\omega\zeta = \gamma(\omega)(\bar{p}_1 - \bar{p}_2) \tag{1.2.1}$$

式中:ω 表示角频率;$\gamma(\cdot)$ 是与频率相关的局域流系数;$\bar{p}_1$、$\bar{p}_2$ 表示不同孔隙,即孔 1 与孔 2 的平均流体压力;ζ 是流体流动造成的流体应变增量,其物理意义是孔 1 与孔 2 在局域流中交换的流体质量。

基于 Biot 理论,考虑液相的黏弹性变形和固液相接触面上的相对扭转,文献[77]提出了含黏滞流体的 VTI 孔隙介质模型。从理论上推导出,在该模型中除存在快 P 波、慢 P 波、SV 波、SH 波以外,还将存在两种新横波,即慢 SV 波和慢 SH 波。数值模拟分析 6 种弹性波的相速度、衰减、液固相振幅比随孔隙度、频率的变化规律以及快 P 波、快 SV 波的衰减随流体性质、渗透率、入射角的变化规律，研究结果表明慢 SV 波和慢 SH 波主要在液相中传播，高频高孔隙度时，速度较高；大角度入射时，快 P 波衰减表现出明显的各向异性，而快 SV 波的衰减则基本不变；储层纵向和横向渗透率存在差异时，快 SV 波衰减大的方向渗透率高。

1.2.2　现状分析

水工程多相多场耦合问题在各个分支领域（如海洋河口水工程、波流相互作用、异重流、泥沙淤积、冲刷冲蚀和消能等）都取得了很大的进展。在固结问题方面，已经考虑到温度场对渗流场和多孔介质几何性质的影响；在动力方面，已经对饱和、非饱和以及多种不混溶溶液进行了深入研究，取得了大量的成果；在输水管道、隧洞等水工程的模型建立、数值仿真以及与试验方法的对比分析方面已经出现了很多成果。

1.3　大坝安全监控

大坝作为一种典型的水工程，其安全性态预警、预测主要有两种方法，即基于实测资料的评价方法和基于数值计算的评价方法。

1.3.1　研究进展

1.3.1.1　基于监测资料

基于监测资料的大坝安全性态预警、预测方法主要是通过监测资料建立监控模型，在此基础上通过监控模型结合拟定的预警指标进行大坝安全性态的预警、预测。

在监控模型方面，逐步回归、差值回归、混合模型、确定性模型、抗差回归、神经网络、小波网络、灰色模型、支持向量机、粗集模型、动态贝叶斯模型、动力系统模型以及非线性分析模型等相继出现，同时上述各模型的组合模型也得到了广泛研究。陈继光[78]提出了基于 Lyapunov 指数和相空间重构的大坝监控模型，并结合实例对混沌时间序列相空间重构中的延迟时间间隔和嵌入维数的选取方法进行了讨论，对 Lyapunov 指数预测方法进行了计算验证。为克服多相多场耦合模型中的多重共线性问题和局部最优（欠拟合）问题，主成分最小二乘回归、偏最小二乘回归方法和全局优化算法在大坝安全监测领域得到深入研究。全局优化算法主要包括遗传算法、模拟退火算法、粒子群算法、蚁群算法和鱼群算法等。针对多相多场耦合中的非线性特征,门限回归、神经网络模型、小波神经网络模型相继被提出。针对多相多场耦合的动态特征,文献[79]基于 Elman 神经网络提出了一种时变融合递推分析以及回归分析优点的递推动态预测模型。针对模型的过拟合和泛化能力不足,基于结构风险最小化的支持向量回归机(SVR)等模型也得到很多研究。利用各种组合方法将不同的模型组合在一起,取长补短,从而建立新的组合模型也是多相多场耦合模型一种发展趋势。根据组合方式的不同,可分为算法、模型以及算法模型加权组合等几种方法,目前主要包括小波-神经网络模型、灰色神经网络模型、赋权组合模型等。文献[80]采用微粒群优化支持向量机建立了大坝变形非线性智能组合预测模型,该模型利用不同的预测模型的预测值建立混合核函数支持向量回归机模型,采用混合核函数提高 SVM 的学习和泛化能力,并用具有并行性和分布式特点的粒子群算法选择 SVM 模型参数。为合理优化各个模型的权值,文献[81]根据美国学者 Yager 提出的诱导有序加权平均算子提出一种组合模型。组合模型,尤其是基于不同原理的多模型组合避免了单一模型或计算方法的偶然性和不完备性,相对单一预测模型,组合预测模型具有更高的预测精度和更小的峰值噪声,为准确地进行多相多场耦合提供了一种新的途径。另外,文献[82]采用博弈论建立了拱坝变形模型,将水位和温度等外界因素看成引起大坝变形的外因子,而将坝体结构形态和材料参数看成变形的内部抵抗因素,认为大坝变形是水位和温度 2 个因素博弈的结果。

在监控指标或阈值拟订方面,置信区间法、典型监测效应量小概率法和极限状态法是监控指标拟定的常用方法,根据材料线弹性、弹塑性的不同阶段,利用数值计算方法可以提出多相多场耦合分级指标。文献[83]针对传统方法采用小变形和连续性假设不能合理描述临近破坏时大坝的大变形和不联系性的问题,在研究影响混凝土重力坝安全的因素和预警指标体系的基础上,引入基于块体理论的不连续变形分析方法,考虑坝体和坝基整体抗滑稳定,采用强度折减系数法分析三峡大坝左岸厂房 3# 坝段的整体抗滑稳定性,得到了安全系数与大坝位移之间的内在联系,从而建立了基于非连续变形分析的重力坝变形预警指标方法。根据坝体位移与强度折减系数之间的关系曲线得到失稳判据从而确定变形预警指标,将数值模型、整体安全系数和失稳判据结合在一起,使得指标的确定更加合理可信。文献[84]采用概率分析和结构分析相结合的蒙特卡罗法对高拱坝的变形进行了拟定,并且监控指标拟定考虑到各种不确定因素,提高了方法的通用性。

1.3.1.2 基于数值计算

（1）以朱伯芳[85]、张国新等为代表，对基于数值仿真的水工程安全预警主要采用弹塑性有限元等数值模拟方法建立水工程-基础整体数值模型，对整个施工和运行期的加卸载过程进行数值模拟，根据屈服、开裂和扩展及滑动失稳等准则对水工程安全状态进行预警。通过力学参数的演化和边界条件的变化，对大坝等水工程安全状态的发展进行预测。

（2）以杨强、金峰、周伟、常晓林[86]等为代表，考虑极限承载力的水工程安全评价主要采用极限分析方法，如强度储备和超载方法等对水工程安全进行评价，通过变形突变、塑性区贯通和计算不收敛等准则判断作为临界状态，通过强度折减系数或超载系数对水工程安全状况进行预警，通过对未来大坝运行工况的模拟和材料参数对大坝性态进行预测。

（3）以赵国藩[87]、金伟良[88]、刘宁[89]等为代表的可靠度和随机有限元方法，是以可靠度理论为基础，通过建立极限状态方程，应用响应面、分枝约界或重要性采样等方法计算结构体系可靠度，或将水工程荷载、材料参数和几何尺寸等作为随机变量（过程）或随机场处理，通过随机有限单元法等计算，以动态可靠度对水工程安全状态进行预警、预测。

水工程安全预警、预测的方法还包括基于损伤力学、细观力学和安定性分析的方法等，通过损伤演化方程、结构当量力学参数和安定性指标等对水工程安全状态进行预警、预测，此外还有基于方程组奇异性分析、能量耗散、突变理论、Lyapunov 指数和加卸载响应比等大坝安全预警预测方法。

1.3.2 现状分析

1.3.2.1 基于实测资料的方法

现阶段，研究人员针对安全性态平稳状态已经能建立许多有效的监控模型，但针对水工程出现开裂、蠕变和荷载组合突变等非平稳随机情况，单一的监控模型尚难以有效描述水工程安全性态的发展。另外，许多统计模型都建立在高斯分布、平稳过程和各态历经等假设的基础上，这些假设是否成立，或者这些假设对模型的结论影响有多大，都需要进一步研究。另外建模过程中的病态问题也是模型缺乏可解释性的根本原因，这需要采用抗差、鲁棒和正则化策略。

实测资料往往是多种因素共同作用的结果，理解和分析起来比较困难。更为重要的是，监控模型的分析方法是一种统计分析方法，其物理力学意义或者说模型的可解释性比较差。

　　监控指标的研究主要有统计和数值模型 2 种方法。前者基于实测资料,后者主要基于考虑结构大变形的非线性有限元、数值流形、无单元法,以及不连续变形分析等数值计算方法。

　　由于荷载、材料力学性质等不确定性和大坝的动态特征,不同时段、不同方向和不同监测物理量对应水工程不同监控指标。同时这种"指标"只是在一定的条件下某一种失效模式的度量,只有大坝满足整体性条件时,单个指标才能作为大坝整体安全度的度量,因此对于同一座大坝的不同时期、不同测点和不同失效模式,安全监控指标是不同的。即使是同一座大坝,采用单个指标作为大坝安全的"测度"时,也要求这个监测物理量与大坝安全状态之间存在一一对应关系,这一条件往往是很苛刻的。此外,基于统计理论或动力学理论的水工程安全指标拟定的力学基础尚不充分。采用强度折减法进行监控指标拟订时,除采用大变形、非线性本构等方法充分考虑结构临近破坏时候的状态特征外,还必须采用局部强度折减方法,同时考虑变形模量的变化。

1.3.2.2　基于仿真计算的方法

　　数值计算方法具有理论基础扎实、逻辑性强等优点,但同时也存在过程复杂,容易受模型误差、本构关系、边界近似、数值解法等因素的影响,特别是数值计算方法前后处理工作量大,给出信息可视性和可理解性不太好等使得对该方法的应用、推广受到限制。

　　数值仿真方法对加载过程、卸载效应、数值模型、本构关系、屈服准则的依赖性及计算量需求都比较大。可靠度分析方法适应范围比较广,但在一定程度上也存在计算复杂度问题,在多失效模式、变量相关、非高斯分布等问题上,这种情况尤为突出,因此目前对系统可靠度的研究还不成熟。

　　实际上大坝等水工程破坏是一个损伤积累、材料老化、量变到质变的过程。数值计算信息量大,统计分析方法具有降维和统计平均等功能,能有效提取大量计算数据中隐含的安全信息,因此充分利用数值计算成果,同时结合统计分析方法,对水工程安全预测、预警是一种有益的探索。

1.4　统计分析与机器学习

　　大坝作为一种极为重要的水工建筑物,在自重和多种环境因素的综合作用下会产生不同程度的变形,通过对大坝进行变形监测,有助于掌握大坝的变形程度,并能及时了解在运行期间大坝是否安全、稳定,进而可以研究出大坝是否有滑动、滑坡和倾覆等变形趋势,从而进行预警[90]。大坝是可以承受一定程度的变形的,但变形一旦超出其承受范围就会造成严重后果。因此对大坝的变形监控不能只停留在表面,还应该将定性研究与定量研究相结合,建立起合适的大坝变形监控模型,从而为大坝的安全运行提供科学的、有价值的参考依据。围绕国内外的大坝安全监控模型,本节进行了文献梳理。

1.4.1 传统统计分析

从 20 世纪 80 年代起,国内外大坝安全监控工作逐渐从定性分析向定量研究发展,逐步回归、时间序列、灰色系统理论等一系列传统的统计模型逐渐被应用到大坝安全监控中,不断充实着大坝安全监控模型。针对原有模型的缺陷,近年来学者们从不同方面做了许多改进。

(1)逐步回归

其基本思想在于挑选具有显著影响的因子来构建最佳回归方程,该法原理简单、建模方便,在实际中有着广泛应用[91]。对于逐步回归模型在效应量测值波动较大时拟合和预报误差大的问题,2010 年朱劭宇等利用马尔科夫链适应大波动的特点,将逐步回归和马尔科夫模型相结合并应用于大坝变形监测,但在测值波动较小的情形下该模型精度改进不明显[92]。针对模型因子间的多重共线性,2011 年姚远等建立了偏最小二乘回归法的逐步回归模型,但模型系数难以解释[93]。由于传统模型常忽略大坝安全监测中的非线性因素,2014 年陈宏玉在利用偏最小二乘法求解逐步回归方程的基础上引入了半参数模型,对原有的逐步回归模型进行了改进,有效地分离出观测数据中的系统误差,但模型处理过程较复杂[94]。为得到更准确的模型因子形式,2018 年朱松松等提出了基于有限元-逐步回归分析的重力位移监控模型,然而该模型的精确度浮动性较大[95]。

(2)时间序列

在实际监测中,大坝的监测数据自然组成了一个离散的随机序列,因此可以用时间序列分析理论建立时间序列模型[96]。根据大坝变形监测点的曲线变化规律,2012 年赵亮等对监测数据进行平稳化处理,并采用最小二乘估计建立了自回归综合滑动平均(ARIMA)模型,结果表明模型在短期预报方面有着较高的精度,但缺乏大坝变形的长期预测能力[97]。出于保留原始数据周期性、趋势性特点的目的,刘彩花等利用经验模态分解法建立了 EMD-ARI 渗流耦合模型,通过对大坝渗流序列的分析发现该模型的预报精度高于 ARIMA 单一模型,然而使用 EMD 法保留原始数据特性以进行时间序列分析,意味着该法仅适用于平稳的数据序列[98]。为避免因模型因子选取不当导致"过拟合"或"欠拟合"现象,2016 年罗德河等结合小波分析的时间序列法建立了大坝变形预测模型,实例研究显示该模型拟合时能得到较高的相关系数,提高整体预测精度[99]。针对大坝变形预测中时间序列数据非平稳且含噪声的问题,2019 年杨庆等提出了一种基于剔除含噪声信号的大坝变形傅里叶预测算法,通过傅里叶函数对经验模态分解后的分量进行曲线拟合,并据此构建去噪傅里叶时间序列模型,算例验证该法的预测精度较高,然而该法处理过程繁琐,难以在实际应用中对大坝变形进行在线预控[100]。

（3）灰色系统理论

当监测数据量不能满足回归分析或时间序列分析对于数据长度的要求时（观测数据的组数 n 与预报因子的比值在 5～10 倍左右）,可采用灰色系统进行小样本建模[101]。为避免灰色模型长期预测的有效性受系统时间序列长短及数据变化的影响,2010 年魏迎奇等人建立等维 GM(1,1)动态预测模型对大坝变形进行了预测,实例研究表明参数的选取对模型精度有较大影响,需根据序列的稳态性选取合适的数据长度,这一过程尚未得到合理的量化处置[102]。针对大坝安全监控中数据的随机扰动误差影响,2014 年苏观南等利用卡尔曼滤波消除原始数据扰动误差,再对大坝变形进行灰色预测,结果表明经卡尔曼滤波处理后的监测序列更加平稳,有利于对大坝进行灰色预测,然而由该模型误差和计算误差所引起的发散性问题并未得到很好解决[103]。2016 年李萌等利用灰色模型预测分形维数,建立了改进的大坝分形几何监控模型,然而该模型对于间断和不连续的实测值序列预测不具有适用性[104]。针对大坝监测中常出现的非等间距数据,2018 年付浩雁等通过引进指数平滑法构建了改进的非等间距灰色预测模型,结合某坝位移监测数据发现,与传统灰色预测模型相比该模型实时预测效果更好,但缺乏长期预测能力[105]。

传统统计模型的特点是基于监测数据并将效应量视作随机变量[106]。由于计算简捷,且可以较好地描述效应量与环境量间的定量关系,因此这些统计模型在大坝安全监控领域已得到广泛应用。但无论是逐步回归、时间序列分析还是灰色系统理论模型,都普遍存在一些缺陷。第一,统计模型均以统计数学为基础,建立在一定假设的基础上,即假定环境量间是相互独立的,观测误差服从正态分布且数学期望为零,而由于大坝的环境量不可避免地存在一定相关关系,容易导致变量失真,难以建模甚至不能用来建模[107]。第二,运行中的大坝在一系列内外因素作用下,环境量与效应量之间呈现出非线性特征,而回归方程只是确定的线性和非线性因子的组合,难以对复杂的非线性关系进行描述,在某些情况下会影响模型最后的拟合和预报精度[108]。第三,当监测资料序列较短时,这些资料建立的统计模型将难以用于监控,并且由于随机因素的影响,这些模型的外延预测时间短,一般为同一母体测值序列的1/3[109]。第四,在工程实际中,大坝监测数据不可避免地受到噪声污染,而传统统计模型的抗噪声能力差,因子的误差几乎以相同的比例影响最终的预报值,进而会影响到大坝安全监控的准确度[110]。

尽管存在诸多问题,但总的来看,这些传统统计模型的引进还是推动了大坝安全监控定量研究的发展,为保证大坝安全做出了巨大的贡献。

1.4.2　现代机器学习

21世纪起,随着机器学习理论的发展,越来越多的机器学习模型被应用于大坝安全监控领域,并取得了良好的效果。

(1) 人工神经网络

人工神经网络(Artificial Neural Networks,ANN)是基于人脑神经网络建立的一种数学模型,使得大量单元相互连接形成复杂的网络能够处理非线性问题。2011年,王超领等将统计模型的经验性和神经网络模型的高度非线性映射能力结合起来,建立了逐步回归-误差反向传播网络模型并将其应用于大坝水平位移预测,但结果显示模型仍易陷入局部最优的困境[111]。2013年黎良辉等利用滤波理论对神经网络进行赋权训练,提出了一种自适应非线性训练神经网络的大坝安全监控模型,提高了模型的收敛效率,但模型的泛化性能并未得到大的改进[112]。2016年戴波等先利用小波分析降低大坝观测资料噪声,再结合混沌理论和RBF神经网络建立了大坝监测的混合预测模型,但该方法要求大坝监测序列较长,同时相空间重构的质量并不高[113]。2019年黄军胜等采用经验模态分解法,根据分量的特点构造不同的BP网络模型,对大坝变形进行预测,然而所需调整的参数较多,模型的泛化性能易受影响[114]。

(2) 支持向量机

支持向量机(Support Vector Machine,SVM)是一种二分类模型,常用于处理小样本和非线性问题。2011年吕开云等将主成分分析应用到大坝变形环境量的优化中,再利用SVM进行建模预测,通过降低因子维数减少了PCA-SVM模型拟合时间,但输入结构的简化使得该模型在处理小样本序列时存在信息损失的风险[115]。2013 年 Hipni 等在支持向量机中引入模糊理论,降低了模型的噪声敏感度,并对大坝变形进行预测[116]。2014 年 Cai 采用遗传算法对 SVM 模型进行参数优化,但该算法复杂度较高,面对高维数据时处理效率低[117]。2017年代陵辉等针对不同的环境量因素构建了不同的核函数,并采用 TW-SVM 预测模型对大坝变形进行了预测分析,但算例结果显示该模型难以对温度因子进行降维简化[118]。

　　针对大坝安全监控中的预测问题,以上各文献所使用的机器学习算法均取得了一定成果,但仍存在一些缺陷。神经网络虽然具备逼近任意非线性问题的能力,但在寻优过程中常会产生局部最小值和鞍点,模型容易过拟合,导致预测训练样本外的未知数据效果不佳,且存在权值难以在线调整、训练时间过长等缺点[119]。支持向量机的最优化目标是形成一个凸二次规划函数,求出全局最优解,然而随着数据量的增加,SVM 的稀疏性会降低,且模型核函数的选择受到Mercer 条件的制约,在处理高维空间的数据时常会产生“维数灾难”等问题[120]。

　　(3) 相关向量机

　　面对这些问题,近年来许多学者将目光转向了一种新型的机器学习算法——相关向量机(Relevance Vector Machine,RVM)。RVM 是由 Tipping 在稀疏贝叶斯理论的基础上,将极大似然估计、先验概率和后验分布估计等理论结合形成的一种监督型机器学习算法[121]。与神经网络和支持向量机相比,RVM 算法的相关向量数目较少,模型的复杂度较低,且其选取的核函数无需满足 Mercer 条件的限制。另外,该算法的模型可调节参数不多,这在一定程度上减少了因参数设置不当而影响模型泛化性能的风险[122]。

　　在早先的工程应用中,Reza 等提出了一种高斯逼近的 RVM 分类模型,对地震资料进行了分类[123]。Xu 等在研究化工材料时先利用经验模态分解原始数据,再使用 RVM 模型进行预测[124]。Veeramani 等对超声图像进行特征提取后,使用 RVM 模型对图像进行了分类[125]。Viswanathan 等将 RVM 与克里格算法进行比较后,将其应用于岩石深度预测[126]。

　　当下,学者们利用相关向量机在大坝安全监控领域做了一些研究,主要集中在与其他统计模型相结合的方向。杜传阳等建立了以 RVM 为理论基础的时间序列模型并将其应用于大坝安全监控[127]。唐琪等在大坝变形预测时利用马尔科夫链模型,对 RVM 模型得到的残差数据进行修正[128]。张海龙等在某重力的位移监测中使用了模糊均值聚类算法,对聚类后的样本运用 RVM 算法进行了训练[129]。王娟等将核独立分量分析与 RVM 相结合,对某拱坝的缺失监测数据进行了插值处理[130]。学者们的研究结果均表明,相较其他机器学习算法,相关向量机在大坝安全监控方面表现更为出色,且基于该算法建立的大坝效应量预测模型具有计算过程简单、精度高及收敛速度较快等优势。因此在接下来的章节中,本书将应用相关向量机对大坝的变形监控进行研究。

1.5 存在问题

水工程具有几何尺度大、材料种类多、结构复杂、荷载分布非线性等特点,从而使得:①地震、波浪作用荷载具有空间不同步或相位差效应等特点,既存在静态荷载又存在动态荷载作用;②材料具有各向异性或不均匀性,材料界面可能存在位移不连续现象,材料之间的本构关系、渗透特性和强度特征等各不相同;③多种耦合模式并存,如在一个水工程中可能同时存在气-液-固耦合,也同时存在流场-渗流场-温度场-应力场-物质场耦合;④工程失效方面同样存在多种失效模式并存的情况,如静-拟静-动耦合、塑性-损伤耦合、屈服-断裂-失稳-共振失效耦合等,而且各失效模式之间存在关联和突变的可能性。

尽管近年来,在"水库大坝安全保障技术研究"(2006BAC14B00)等"十一五科技支撑计划"项目资助下,有针对性地开展了水库大坝安全监测与应急管理关键技术研究,取得了一系列研究成果,极大提升了该领域的科学技术水平,但由于水库大坝的极端复杂性与不确定性,以及运行环境变化的随机性,大坝安全性态预警、预测仍然有许多问题需要研究。

从以上水工程特点分析不难发现,要想准确对水工程的安全状态进行分析,并在此基础上对工程安全状况进行预警、预测,必须做好如下工作:①熟悉水工程赋存环境,特别是其荷载和作用效应,为此有必要对水工程中重要的多相多场作用进行分析。②由于水工程的复杂性,水工程安全分析必须借助相关学科领域的知识,特别是数学和物理知识。通过从更高层次提炼问题从而得到对问题更深入的认识。③数值计算在数学力学基础和数值物理意义方面具有明显的优势,而统计分析方法往往具有降维和可视化的优势,为此必须综合利用数值分析和统计分析的优势来做好大坝安全预警预测工作。

1.6 技术线路

如图 1.6.1 所示,通过国内外文献,学习大坝多相多场耦合研究进展,分析其存在的问题。从基本的数学描述和物理规律入手,统一工程安全分析共同的科学基础,为推广应用和相互借鉴各分支学科之间的优势奠定基础。1)以某高碾压混凝土坝为例,建立相应的多场耦合数值模型,检验模型正确性并为工程预警指标提供数值基础。2)以某混凝土面板堆石坝为例,建立基于粒子群算法的相关向量机模型,在模型的基础上结合置信区间法拟定变形监控指标。通过对监控模型评价指标的分析,体现模型的优越性。

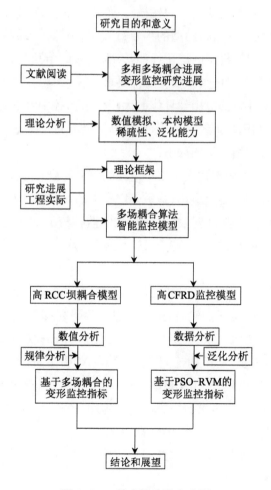

图 1.6.1 技术线路及方法图

1.7 研究内容

在数值模拟方面,研究数值计算方法的选择、本构模型的建立、物性方程的选择以及变形计算精度和计算工况的选择,试图建立有明确物理意义的动态变形监控指标拟定方法。

目前对于相关向量机的研究,学者们大多采用与其他统计模型相结合的方法,学习性能得到极大改善,但从安全监控角度看更应关注的是改善 RVM 的泛化性能,它是指模型在经过训练后对未在训练集中出现的样本作出正确反映的能力。通过深入学习相关向量机的建模过程,发现相关向量机模型本身存在一定的局限性,即在相关向量机模型的构建过程中,核函数参数的选取十分重要,仅凭经验赋值无法保障模型的泛化性能,人为因素的干预导致模型精度存在不确定性,难以满足高质量的大坝安全监控要求。因此,本书主要的研究方向是改进相关向量机模型并将其应用到具体的大坝变形监控中,同时从自身应用统计的专业角度出发,利用数理统计理论,构建科学合理的大坝安全监控指标。

本书研究内容的组织架构如下:

第一章,绪论。首先叙述大坝安全监控的研究背景和意义;其次回顾国内外大坝安全监控领域的模型及应用;最后确定本书的研究方向和内容。

第二章,阐述本书基于智能相关向量机的监控模型的研究理论基础。一方面介绍相关向量机模型的原理、特点及迭代过程;另一方面介绍粒子群算法的原理、参数等内容。

第三章,首先,针对相关向量机的缺点,利用粒子群算法改进,提出一种新的模型——智能相关向量机。然后,进行工程实例研究:第一步,描述项目背景及工程概况;第二步,选取大坝变形预测的相关因子,给出模型的评价指标,并对数据进行预处理;第三步,利用构建起的 PSO-RVM 模型进行大坝变形预测。接着,从数理统计角度出发,利用小概率原理,建立大坝安全监控评价指标。最后,通过实证结果分析,验证本书研究方向的正确性,PSO-RVM 模型作为大坝安全监控模型的可行性以及监控指标的合理性。

第四章,总结与展望。对本书的研究方向、内容和成果进行系统总结,并展望值得进一步研究的方向。

参考文献

[1] 张明亮,Wu W M. 基于四叉树网格近海海域波浪、潮流相互作用的数学模型[J]. 中国科学:物理学 力学 天文学,2012,42(3):294-309.

[2] 白玉川,冀自青,刘小谢,等. 常曲率窄深型弯曲河流水流动力稳定特征理论研究[J]. 中国科学:物理学 力学 天文学,2012,42(2):162-171.

[3] 黄涛,杨立中,陈一立. 工程岩体地下水渗流-应力-温度耦合作用数学模型的研究[J]. 西南交通大学学报,1999,34(1):11-15.

[4] 董平川,徐小荷,何顺利. 流固耦合问题及研究进展[J]. 地质力学学报,1999,5(1):17-26.

[5] 邢景棠,周盛,崔尔杰. 流固耦合力学概述[J]. 力学进展,1997,27(1):19-38.

[6] 杜颖,贾启芬,刘习军. 液固耦合中的若干力学问题[C]//中国力学学会. 第十二届全国结构工程学术会议论文集第Ⅰ册. 2003:177-180.

[7] 丁晓唐,刘广,王姗姗,等. 势流体和 Housner 模型动力研究比较[J]. 水力发电学报,2011,30(6):57-61.

[8] 王媛,速宝玉,徐志英. 裂隙岩体渗流模型综述[J]. 水科学进展,1996,7(3):276-282.

[9] 吴一红,谢省宗. 水工结构流固耦合动力特性分析[J]. 水利学报,1995(1):27-34.

[10] 董平川,徐小荷. 储层流固耦合的数学模型及其有限元方程[J]. 石油学报,1998,19(1):64-70.

[11] 董平川,徐小荷. 油、水二相流固耦合渗流的数学模型[J]. 石油勘探与开发,1998,25(5):93-96.

[12] 刘红军,张民生,贾永刚,等. 波浪导致的海床边坡稳定性分析[J]. 岩土力学,2006,27(6):986-990.

[13] 董俊哲. 基于 Hamilton 体系的非线性浅水波分析方法[D]. 大连:大连理工大学,2011.

[14] 赖锡军,汪德,姜加虎,等. 斜坡上异重流的三维数值模拟[J]. 水科学进展,2006,17(3):342-347.

[15] 王文全. 薄壁结构流固耦合数值模拟及计算方法研究[D]. 昆明:昆明理工大学,2008.

[16] 张智勇,沈荣瀛. 充液直管管系中的固-液耦合振动响应分析[J]. 振动工程学报,2000,13(3):454-461.

[17] 张智勇. 考虑固液耦合的充液管道系统振动特性及能量流研究[D]. 上海:上

海交通大学,2000.

[18] 周晓军. 海洋立管系统流固耦合效应分析[D]. 北京:中国石油大学,2005.

[19] ZHANG L X, TIJSSELING A S, VARDY A E. FSI analysis of liquid-filled pipes[J]. Journal of sound and vibration,1999,224(1):66-99.

[20] 张立翔,黄文虎,TIJSSELING A S. 输流管道流固耦合振动研究进展[J]. 水动力学研究与进展,2000,15(3):366-379.

[21] 李公法,孔建益,幸福堂,等. 考虑固液耦合的充液管道系统振动能量流研究[J]. 湖北工业大学学报,2005,20(3):74-77.

[22] 邓创华. 流固耦合弱耦合算法研究[D]. 武汉:华中科技大学,2012.

[23] 吴兴,李志鹏,王昌生. 流固耦合问题的非边界适应方法及无网格方法的研究进展[C]// 中国力学学会,中国造船工程学会. 第二十三届全国水动力学研讨会暨第十届全国水动力学学术会议文集. 2011:121-129.

[24] 张潇,王延荣,张小伟,等. 基于多层动网格技术的流固耦合方法研究[J]. 船舶工程,2009,31(1):64-66,74.

[25] 及春宁. 虚拟区域法在波浪与结构物相互作用中的应用[D]. 天津:天津大学,2005.

[26] 张钟鼎,王维彬. 变形多孔介质中多相流问题的数值方法[J]. 安徽建筑工业学院学报(自然科学版),2001,9(1):30-33.

[27] 唐逸豪,高振勋,蒋崇文,等. 基于LPT近似算法的CFD并行计算网格分配算法[J]. 工程力学,2015,32(5):243-249,256.

[28] 刘训良,陶文铨,郑平,等. 模糊控制方法在黏性流场迭代计算中的应用[J]. 中国科学,2002,32(4):472-478.

[29] 苏里,李淑娟,唐国安. 结构振动诱导流场及附加质量的数值分析[J]. 应用数学和力学,2005,26(2):231-238.

[30] LOMBARDI P, ANGELIS V D, BANERJEE S. Direct numerical simulation of near-interface turbulence in coupled gas-liquid flow[J]. Physics of fluids,1996,8(6):1643-1665.

[31] LIU S, KERMANI A, Shen L, et al. Investigation of coupled air-water turbulent boundary layers using direct numerical simulations[J]. Physics of fluids,2009,21(6):062108.

[32] FULGOS M, LAKEHAL D, BANERJEE S, et al. Direct numerical simulation of turbulence in a sheared air-water flow with a deformable interface[J]. Journal of fluid mechanics,2003,482:319-345.

[33] LIN M Y，MOENG C H，TSAI W T，et al．Direct numerical simulation of wind-wave generation processes[J]．Journal of fluid mechanics，2008，616：1-30．

[34] 李佳佳,陈春刚,肖锋.风波水气界面湍流涡旋结构研究[J].中国科学:物理学 力学 天文学,2011,41(8):980-994.

[35] 谢世平.跌坎式消力池水力特性数值模拟研究[D].武汉:长江科学院,2012.

[36] 郑邦民.溢流体形的数值模拟[J].中国科学(A辑).1985(3):281-289.

[37] 丁道扬.应用自由表面位移特性解水工的泄流问题[J].中国科学(A辑),1986(5):548-560.

[38] 张挺,伍超,卢红,等.X型宽尾墩与阶梯溢流坝联合消能的三维流场数值模拟[J].水利学报,2004(8):15-20.

[39] 艾海峰.三维水流数值模拟及其在水利工程中的应用[D].天津:天津大学,2005.

[40] 冯丽华.明渠弯道三维水流数值模拟研究[D].扬州:扬州大学,2007.

[41] 张薇.基于VOF方法和浸入边界法的黏性二相流的数值模拟[D].广州:华南理工大学,2012.

[42] 陈为博.高水头龙抬头泄洪洞掺气减蚀试验研究及数值模拟[D].天津:天津大学,2004.

[43] 李志高.水工自由水面及掺气问题的数值模拟研究[D].西安:西安理工大学,2004.

[44] 辜坚,赵成壁,唐友宏,等.基于浸入边界法和流体体积法的黏性二相流模型对含障碍物溃坝的数值模拟[J].科学技术与工程,2013,13(8):2128-2133.

[45] 张立翔,郭亚昆,张洪明.基于GMRES算法的弹性结构强耦合小变形流激振动分析[J].应用数学和力学,2010,31(1):81-90.

[46] 陈建余.非稳定饱和-非饱和渗流场数值计算关键技术及其应用研究[D].南京:河海大学,2003.

[47] 杨多兴,张德良,曾荣树,等.基于时空守恒元和解元(CE/SE)方法的孔隙介质多相流动计算[J].地球物理学报,2010,53(1):189-196.

[48] 林缅,李家春.波浪、海洋土参数对海床稳定性影响[J].应用数学和力学,2001,22(8):806-816.

[49] 陆春华.液饱和多孔介质动力响应的弹塑性有限元分析[D].重庆:重庆大学,2004.

[50] 白冰.空心圆柱饱和多孔介质热固结问题的解析解[J].岩土力学,2011,32

(10)：2901-2906，2916.

[51] GAJO A, MONGIOVI L. An analytical solution for the transient response of saturated linear elastic porous media[J]. International journal for numerical and analytical methods in geomechanics, 1995, 19(6)：399-413.

[52] ZHOU X L, XU B, WANG J H, et al. An analytical solution for wave-induced seabed response in a multi-layered poro-elastic seabed[J]. Ocean engineering, 2011, 38(1)：119-129.

[53] ZIENKIEWICZ O C, SHIOMI T. Dynamic behavior of saturated porous media：the generalized biot form formulation and its numerical solution [J]. International journal for numerical and analytical methods in geomechanics, 2020, 8(1)：71-96.

[54] HE Y, HAN B. A wavelet finite-difference method for numerical simulation of wave propagation in fluid-saturated porous media[J]. Applied mathematics and mechanics, 2008, 11(29)：1495-1504.

[55] SCHANZ M. Poroelastodynamics：linear models, analytical solutions, and numerical methods[J]. Applied mechanics reviews, 2009, 62(3)：1-10.

[56] 周凤玺,赖远明. 梯度饱和土瞬态响应分析[J]. 力学学报,2012,44(5)：943-947.

[57] BOER R D, LIU Z F. Plane waves in a semi-infinite fluid saturated porous medium[J]. Transport in porous media, 1995, 32(8)：378-378.

[58] SHARMA M. Wave propagation in thermo-elastic saturated porous medium [J]. Journal of Earth System Science, 1994 (16)：147-173.

[59] POLENOV V S, CHIGAREV R V. Wave propagation in a fluid-saturated inhomogeneous porous medium [J]. Journal of applied mathematics and mechanics, 2010, 74(2)：198-203.

[60] SAMAL S K, CHATTARAJ R. Surface wave propagation in fiber-reinforced anisotropic elastic layer between liquid saturated porous half space and uniform liquid layer [J]. Acta geophysica, 2011, 59 (3)：470-482.

[61] 赵海波,陈树民,李来林,等. 流体饱和度对 Rayleigh 波传播影响研究[J]. 中国科学：物理学 力学 天文学,2012,42(2)：148-155.

[62] 赵海波,王秀明. 利用时间分解的交错网格差分法模拟两相流体饱和孔隙介质中的声波传播[J]. 中国科学 G 辑：物理学 力学 天文学,2008,38(7)：785-804.

[63] 周凤玺,马强,宋瑞霞. 含液饱和多孔二维梁的动力特性分析[J]. 工程力学,

2015，32(5)：198-207.

[64] BA J, NIE J X, CAO H, et al. Mesoscopic fluid flow simulation in double-porosity rocks[J]. Applied Geophysics，2008，04：261-276，350.

[65] 巴晶. 复杂多孔介质中的地震波传播机理研究[D]. 北京：清华大学，2008.

[66] BA J, YANG H Z, XIE G Q. AGILD seismic modelling for double-porosity media[A]. PIERS online，2008：491-497.

[67] BA J, CAO H, YAO F C, et al. Double-porosity rock model and squirt flow in laboratory frequency band[J]. Applied Geophysics，2008(5)：261-276.

[68] BA J, CAO H, YAO F C, et al. Pore heterogeneity induces double-porosity in Guang'an sandstone[C]//Beijing 2009 international geophysical conference and exposition. Tulsa：Society of Exploration Geophysicists，2009：190.

[69] 刘炯,巴晶,马坚伟,等. 随机孔隙介质中地震波衰减分析[J]. 中国科学：物理学力学 天文学,2010，40(7)：858-868.

[70] BIOT M A. Theory of propagation of elastic waves in a fluid-saturated porous solid：I. Low-frequency range[J]. Journal of acoustical society of America，1956，28(2)：168-178.

[71] BIOT M A. Theory of propagation of elastic waves in a fluid-saturated porous solid：II. Higher frequency range[J]. Journal of Acousic Society of America，1956，28(2)：179-191.

[72] GASSMANN F. Uber die elastizitat poroser medien[J]. Gesellschaft in Zurich，1951，96：1-23.

[73] WHITE J E. Computed seismic speeds and attenuation in rocks with partial gas saturation[J]. Geophysics，1975，40(2)：224-232.

[74] JOHNSON D L. Theory of frequency dependent acoustics in patchy-saturated porous media[J]. Journal of the acoustical society of America，2001，110(2)：682-694.

[75] CARCIONE J M, HELLE H B, PHAM N H. White's model for wave propagation in partially saturated rocks：Comparison with poroelastic numerical experiments[J]. Geophysics，2003，68(4)：1389-1398.

[76] PRIDE S R, BERRYMAN J G, HARRIS J M. Seismic attenuation due to wave-induced flow[J]. Journal of Geophysical Research Solid Earth，2004，109(B1)：59-70.

[77] 魏修成,卢明辉,巴晶,等. 含黏滞流体各向异性孔隙介质中弹性波的频散和衰

减[J].地球物理学报,2008,51(1):213-220.

[78] 陈继光.基于 Lyapunov 指数的观测数据短期预测[J].水利学报,2001(9):64-67.

[79] 郑东健,顾冲时,吴中如.边坡变形的多因素时变预测模型[J].岩石力学与工程学报,2005,24(17):3180-3184.

[80] 姜立新,康飞,胡军.大坝变形非线性智能组合预测方法研究[J].四川建筑科学研究,2008,34(3):129-132.

[81] 闫滨,周晶,高真伟.一种基于 IOWGA 算子的大坝安全监控组合预测模型[J].岩石力学与工程学报,2007,26(S2):4074-4078.

[82] SU H Z,WU Z R,GU Y C. Game model of safety monitoring for arch dam deformation[J]. Science in China series E:technological sciences,2008,51(S2):76-81.

[83] 沈振中,马明,涂晓霞.基于非连续变形分析的重力坝变形预警指标[J].水利学报,2007(S1):111-119.

[84] 谷艳昌,何鲜峰,郑东健.基于蒙特卡罗方法的高拱坝变形监控指标拟定[J].水利水运工程学报,2008(1):14-19.

[85] 朱伯芳.有限单元法原理及应用[M].北京:中国水利水电出版社,1998.

[86] 周伟,常晓林.高混凝土重力坝复杂坝基稳定安全度及极限承载能力研究[J].岩土力学,2006,27(S1):161-166.

[87] 赵国藩,金伟良,贡金鑫.结构可靠度理论[M].北京:中国建筑工业出版社,2005.

[88] 金伟良.工程荷载组合理论与应用[M].北京:机械工业出版社,2006.

[89] 刘宁.可靠度随机有限元法及其工程应用[M].北京:中国水利水电出版社,2001.

[90] 邓念武.大坝变形监测技术[M].北京:中国水利水电出版社,2010.

[91] 游士兵,严研.逐步回归分析法及其应用[J].统计与决策,2017(14):31-35.

[92] 朱劲宇,施晓萍.大坝变形监控的逐步回归马尔科夫模型[J].水利信息化,2010(1):69-72.

[93] 姚远,李姝昱,张博.逐步回归-PLS 模型在大坝位移监控中的应用[J].水电能源科学,2011,29(4):81-82,188.

[94] 陈宏玉.基于偏最小二乘回归的半参数模型在大坝安全监测系统中的应用研究[J].工程勘察,2012,(5):82-85.

[95] 朱松松,李同春,冯旭松,等.基于有限元法和逐步回归法的泵站位移统计模型

构建方法[J].水利水电技术,2018,49(2):49-55.

[96] BROCKWELL P J, DAVIS R A. Introduction to time series and forecasting [J]. Technimetrics, 2009, 39(4):426.

[97] 赵亮,兰孝奇,潘文琪,等.基于时间序列的大坝早期变形预测[J].水利与建筑工程学报,2012,10(3):76-78.

[98] 刘彩花,景浩,成一雄,等.EMD-ARI模型在大坝渗流预报中的应用研究[J].水力发电,2014,40(7):49-52.

[99] 罗德河,郑东健.大坝变形的小波分析与ARMA预测模型[J].水利水运工程学报,2016(3):70-75.

[100] 杨庆,任超.大坝变形的去噪傅里叶模型预测[J].测绘科学,2019,44(2):158-163.

[101] 周晓贤,吴中如.大坝安全监控模型中灰参数的识别[J].水电与抽水蓄能,2002,26(1):45-48.

[102] 魏迎奇,孙玉莲.大坝沉降变形的灰色预测分析研究[J].中国水利水电科学研究院学报,2010,8(1):25-29.

[103] 苏观南,郑东健,孙斌斌.卡尔曼滤波灰色模型在大坝变形预测中的应用[J].水电能源科学,2014,32(4):37-40.

[104] 李萌,包腾飞,杨建慧,等.灰色模型改进的大坝变形分形几何监控模型[J].水利水运工程学报,2016(4):104-110.

[105] 付浩雁,杨贝贝,胡德华,等.大坝位移的改进非等间距GM(1,1)预测模型[J].人民黄河,2018,40(1):127-129,144.

[106] 戴波,何启.大坝变形监测统计模型与混沌优化ELM组合模型[J].水利水运工程学报,2016(6):9-15.

[107] 张帆.基于神经网络的大坝安全监控模型研究[D].南京:东南大学,2016.

[108] 谢劭峰,佘娣,王新桥.变形预测的一种最优线性组合模型[J].人民黄河,2017,39(6):99-101.

[109] 吴中如,陈波.大坝变形监控模型发展回眸[J].现代测绘,2016,39(5):1-3.

[110] 杨贝贝.大坝实测服役性态抗噪预测模型[J].中国农村水利水电,2017(2):159-162.

[111] 王超领,李美娟.神经网络模型在大坝位移分析中的应用[J].勘察科学技术,2011(2):44-46.

[112] 黎良辉,曾兵建,魏博文.对基于自适应滤波优化神经网络的混凝土坝变位预报模型[J].水力发电,2013,39(4):83-86.

[113] 戴波,陈波.基于混沌的大坝监测序列小波 RBF 神经网络预测模型[J].水利水电技术,2016,47(2):80-85.

[114] 黄军胜,黄良珂,刘立龙,等.基于 EMD-FOA-BP 神经网络的大坝变形预测研究[J].水力发电,2019,45(2):110-114.

[115] 吕开云,鲁铁定.利用 PCA-SVM 的大坝变形预测研究[J].测绘科学,2011,36(1):73-74.

[116] HIPNI A, EL-SHAFIE A, NAJAH A, et al. Daily forecasting of dam water levels: comparing a support vector machine (SVM) model with adaptive neuro fuzzy inference system (ANFIS)[J]. Water resources management,2013,27(10):3803-3823.

[117] CAI G T. The application of a new compromise thresholding method in the safety-monitoring of dam displacement[J]. Applied mechanics and materials,2014,584-586:2113-2116.

[118] 代凌辉,侯景梅,郝晓宇,等.基于 TW-SVM 预测模型的某堆石坝变形预测分析[J].水利水电技术,2017,48(3):109-112.

[119] LISJAK D, MATIJEVIC B. Determination of steel carburizing parameters by using neural network[J]. Materials and manufacturing processes,2009,24(7-8):772-780.

[120] TEMKO A, NADEU C. Classification of acoustic events using SVM-based clustering schemes[J]. Pattern Recognition,2006,39(4):682-694.

[121] TIPPING M E. Sparse Bayesian learning and the relevance vector machine[J]. Journal of machine learning research,2001,1(3):211-244.

[122] BISHOP C M. Pattern Recognition and Machine Learning (Information Science and Statistics) [M]. New York:Springer-Velarg New York,Inc.,2006.

[123] REZA M, MOHAMMAD AR, MONA A. Detection of the gas-bearing zone in a carbonate reservoir using multi-class relevance vector machines (RVM):comparison of its performance with SVM and PNN[J]. Carbonates and Evaporates,2018.

[124] XU Y, ZHANG M Q, ZHU Q X, et al. An improved multi-kernel RVM integrated with CEEMD for high-quality intervals prediction construction and its intelligent modeling application[J]. Chemometrics and intelligent laboratory systems,2017,171:151-160.

[125] VEERAMANI S K, MUTHUSAMY E. Detection of abnormalities in ultrasound lung image using multi-level RVM classification. [J]. The journal of maternal-fetal and neonatal medicine, 2016, 29(11): 1-9.

[126] VISWANATHAN R, SAMUI P, JAGAN J, et al. Spatial variability of rock depth using simple kinging, ordinary kinging, RVM and MPMR [J]. Geotechnical and geological engineering, 2015, 33(1): 69-78.

[127] 杜传阳,郑东健.基于 RVM 的大坝变形监测时间序列非线性预警模型[J].水电能源科学,2015(7): 89-91.

[128] 唐琪,包腾飞,杜传阳,等.逐步 RVM-Markov 模型在大坝变形预测中的应用[J].三峡大学学报(自然科学版),2015, 37(6): 47-51.

[129] 张海龙,马斌.FCM-RVM 预警模型在某重力坝典型坝段水平位移预测中的应用[J].水电能源科学,2016(5): 81-84.

[130] 王娟,杨杰,程琳.基于 KICA-RVM 的大坝缺失监测数据插值方法[J].水资源与水工程学报,2017, 28(1): 200-204.

2 改进相关向量机模型

2.1 相关向量机

相关向量机(Relevance Vector Machine，RVM)是一种基于贝叶斯理论的机器学习模型，通过核函数映射将低维空间的数据集映射至高维空间，并进行极大后验概率估计得到输出结果，在处理非线性问题上更为高效[1]，符合大坝安全监控效应量与环境量间呈非线性特征的数据集特点。

2.1.1 相关向量机模型

2.1.1.1 模型描述

给定样本集 $\{x_i, t_i\}_{i=1}^N$，$x_i \in R^n$，代表第 i 次观测的 n 维输入向量，t_i 为输出变量且带有误差项 ε_i。这一模型可表述为：

$$t_i = y_i + \varepsilon_i = \sum_{j=1}^M \omega_j \varphi_j(x_i) + \varepsilon_i \qquad (2.1.1)$$

其中，ε_i 服从均值为 0，方差为 σ^2 的高斯分布，即 $\varepsilon_i \sim N(0, \sigma^2)$；$\omega_j$ 为模型权重，共 M 个特征。在相关向量机中，基函数 $\varphi_j(x_i)$ 又被定义为某种核函数，即有 $\varphi_j(\cdot) = K(\cdot, x_j)$，考虑常数偏置的影响，需额外引入一个恒等于 1 的基函数，此时 $M = N + 1$，即：

$$\varphi(x_i) = [1, K(x_i, x_1), K(x_i, x_2), \cdots, K(x_i, x_N)]^T \qquad (2.1.2)$$

由于 t_i 是独立的，则输出变量 t 的条件概率分布形式及其似然函数为：

$$(t|\omega, \sigma^2) \sim \prod_{i=1}^N N(W^T \varphi(x_i), \sigma^2) \qquad (2.1.3)$$

$$P(t\,|\,\omega,\,\sigma^2) = (2\pi\sigma^2)^{\frac{N}{2}} \exp\left\{-\frac{1}{2\sigma^2}\parallel t-\Phi W\parallel^2\right\} \qquad (2.1.4)$$

其中，$t=(t_1,\,\cdots,\,t_N)^T$；$W=(\omega_1,\,\cdots,\,\omega_{N+1})^T$；$\Phi=[\varphi(x_1),\,\cdots,\,\varphi(x_M)]^T$，是 $N\times(N+1)$ 维的矩阵，结合式(2.1.2)，即：

$$\Phi = \begin{bmatrix} 1 & K(x_1,\,x_1) & \cdots & K(x_1,\,x_N) \\ 1 & K(x_2,\,x_1) & \cdots & K(x_2,\,x_N) \\ \vdots & \vdots & \vdots & \vdots \\ 1 & K(x_M,\,x_1) & \cdots & K(x_M,\,x_N) \end{bmatrix} \qquad (2.1.5)$$

若直接由式(2.1.4)对模型参数 ω_i 进行求解，会使得所获模型的复杂度较高，出现过拟合现象。为避免该问题，RVM 在贝叶斯统计理论下，将模型参数 ω_j 视为随机变量，赋以其零均值的高斯先验分布，并为每个参数 ω_j 都引入了一个单独的超参数 α_i [2]，即有：

$$(\omega\,|\,\alpha) \sim \prod_{i=0}^{N} N(0,\,\alpha_i^{-1}) \qquad (2.1.6)$$

其中，$\alpha=(\alpha_1,\,\cdots,\,\alpha_{N+1})^T$。

为明确模型中各参数间的依赖关系，作图 2.1.1，其中"$A \rightarrow B$"表示"参数 A 对参数 B 有影响作用"。

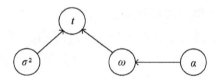

图 2.1.1 RVM 模型中的参数关系

至此，未知参数组 $(\sigma^2,\,\alpha,\,\omega)$ 的后验概率可通过贝叶斯公式写为：

$$P(\omega,\,\alpha,\,\sigma^2\,|\,t) = P(\omega\,|\,t,\,\alpha,\,\sigma^2)P(\alpha,\,\sigma^2\,|\,t) \qquad (2.1.7)$$

对于待预测的新数据点 $\{x^*,\,t^*\}$，结合式(2.1.7)，从已有的训练数据集出发可推断 t^* 取值的概率为：

$$P(t^*\,|\,t) = \int P(t^*\,|\,\omega,\,\alpha,\,\sigma^2)P(\omega,\,\alpha,\,\sigma^2\,|\,t)\mathrm{d}\omega\mathrm{d}\alpha\mathrm{d}\sigma^2$$

$$= \int P(t^*\,|\,\omega,\,\alpha,\,\sigma^2)P(\omega\,|\,t,\,\alpha,\,\sigma^2)P(\alpha,\,\sigma^2\,|\,t)\mathrm{d}\omega\mathrm{d}\alpha\mathrm{d}\sigma^2 \qquad (2.1.8)$$

不难发现,t^* 的最佳取值应使上述概率达到最大。再观察式(2.1.8)可知,概率最大值的求解继而转向式(2.1.7),即模型后验分布最大值的求解。

2.1.1.2 模型求解

基于前文可知,求解极大化预测概率 $P(t^*|t)$ 的问题转化为极大化后验概率 $P(\omega, \alpha, \sigma^2|t)$ 的求解,而这一过程需分两步考虑。首先考虑式(2.1.7)等号后的第一项,由文献[3]可知参数 ω 的条件概率分布为:

$$(\omega|t, \alpha, \sigma^2) \sim N(\mu, \Sigma) \tag{2.1.9}$$

$$\Sigma_{(N+1)\times(N+1)} = [\sigma^2 \times \Phi_{N\times(N+1)}^T \times \Phi_{N\times(N+1)} + A_{(N+1)\times(N+1)}]^{-1} \tag{2.1.10}$$

$$\mu_{N+1} = \sigma^{-2} \times \Sigma_{(N+1)\times(N+1)} \times \Phi_{(N+1)\times N}^T \times t_N \tag{2.1.11}$$

其中,Σ 是 $(N+1)\times(N+1)$ 维的后验协方差矩阵;$A = \mathrm{diag}(\alpha_1, \cdots, \alpha_{N+1})$,是由超参数 α 组成对角线元素的 $(N+1)\times(N+1)$ 维矩阵;μ 为 $N+1$ 列向量;$t = (t_1, \cdots, t_N)^T$,是 N 维列向量。

再观察式(2.1.7)等号后的第二项,根据贝叶斯定理,可知该项存在如下关系

$$P(\alpha, \sigma^2|t) \propto P(t|\alpha, \sigma^2)P(\alpha)P(\sigma^2) \tag{2.1.12}$$

即后验概率正比于先验概率及其似然函数的乘积。

在一致超先验的情况下,引入 delta 函数并用其峰值(即它最可能的取值 α_{MP} 和 σ_{MP}^2)来逼近后验概率 $P(\alpha, \sigma^2|t)$,仅需使似然函数 $P(t|\alpha, \sigma^2)$ 取最大值[4]。

$$P(t|\alpha, \sigma^2) = \int P(t|\omega, \sigma^2)P(\omega|\alpha)\mathrm{d}\omega \tag{2.1.13}$$

将式(2.1.3)和式(2.1.6)代入式(2.1.13),得到 $P(t|\alpha, \sigma^2)$ 的概率密度函数为

$$P(t|\alpha, \sigma^2) = (2\pi)^{-\frac{N}{2}} |\sigma^2 I + \Phi A^{-1} \Phi^T|^{-\frac{1}{2}} \exp\left\{\frac{1}{2}t^T(\sigma^2 I + \Phi A^{-1} \Phi^T)^{-1}t\right\} \tag{2.1.14}$$

通过对式(2.1.14)进行极大似然估计,分别对 α 和 σ^2 求偏导,得到迭代式如下:

$$\alpha_i^{k+1} = \frac{1 - \alpha_i^k \Sigma_{ii}^k}{(\mu_i^2)^k} \qquad (2.1.15)$$

$$(\sigma^2)^{k+1} = \frac{\| t - \Phi\mu^k \|^2}{N - \Sigma_{ii}^k (1 - \alpha_i^k \Sigma_{ii}^k)} \qquad (2.1.16)$$

其中，Σ_{ii} 是式（2.1.10）给出的方差矩阵 Σ 的第 i 个对角元素，μ_i 则是式（2.1.11）定义的均值向量 μ 的第 i 个分量，k 为迭代次数。

2.1.1.3 模型预测

在得到最优超参数 α_{MP} 和 σ_{MP}^2 后，对于新的输入向量 x^*，其预测变量 t^* 满足高斯分布，结合式（2.1.3）和式（2.1.6），有：

$$(t^* \mid t, \alpha_{\mathrm{MP}}, \sigma_{\mathrm{MP}}^2) \sim N(t^* \mid y^*, \sigma^{2*}) \qquad (2.1.17)$$

$$y^* = \mu^T \varphi(x^*) \qquad (2.1.18)$$

$$\sigma^{2*} = \sigma_{\mathrm{MP}}^2 + \varphi(x^*)^T \Sigma \varphi(x^*) \qquad (2.1.19)$$

其中，式（2.1.18）均值 $y^* = \mu^T \varphi(x^*)$ 是 RVM 模型对 x^* 的预测输出。

相关向量机模型的学习过程就是通过式（2.1.15）和式（2.1.16）迭代更新超参数 α 和 σ^2，同时不断更新式（2.1.10）和式（2.1.11）的 Σ 和 μ，直到满足收敛条件。在实际计算中可以发现，随着迭代次数的增加，大部分 α_i 将趋于无穷大，此时与之相应的权值 ω_i 将趋于 0，继而得到稀疏性良好的模型，最终剩余的、权值不为零的自变量样本即为相关向量。

2.1.2 相关向量机算法

通过前面的分析可知，权值的先验分布 α 控制模型的复杂度，似然函数表征数据集的潜在信息[5]，该算法流程（如图 2.1.2 所示）可描述为：

Step 1：选择核函数，构造式（2.1.5）核矩阵 Φ。

Step 2：在（0，1）内随机初始化超参数 α 和 σ^2，设置最大迭代次数 T 为 3 000 次和迭代精度 $\delta = 10^{-3}$。

Step 3：按照式（2.1.10）和式（2.1.11）计算方差矩阵 Σ 和均值 μ。

Step 4：按照式（2.1.15）和式（2.1.16）迭代更新超参数 α 和 σ^2。

Step 5：重复 Step 3 和 Step 4 直至满足收敛条件，即迭代次数 $T \geqslant 3\,000$ 或第 $k+1$ 次迭代完成后超参数 α 满足 $\max |\alpha_i^{k+1} - \alpha_i^k|_{i=1}^{N+1} < \delta$。

Step 6：训练完成，根据式(2.1.18)计算输出向量 x^* 的预测值 y^*。

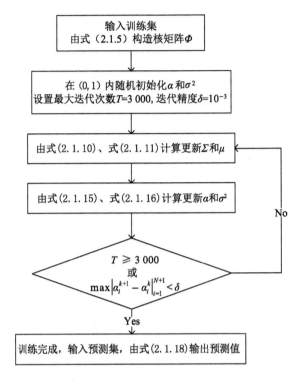

图 2.1.2　RVM 模型算法流程图

2.1.3　核函数理论

相关向量机模型中用到了核函数理论，这是一种借助函数将数据集映射到高维空间，实现数据空间、特征空间和类别空间非线性变换的数据处理方法[6]。核函数的类型对用该理论得到的预测结果的准确性有很大影响。

现实情况往往复杂多变，在实际应用中，相关向量机模型在构建过程中可选择的核函数有很多种，常用的有以下几类[7]：

1) 线性核函数：$K(x_i, x_j) = x_i x_j$。

2) 径向基核函数：$K(x_i, x_j) = \exp(-\gamma \parallel x_i - x_j \parallel^2)$。

3) 多项式核函数：$K(x_i, x_j) = (x_i x_j / \sigma^2 + r)^q$。

线性核函数形式简单，计算量小，善于提取样本的全局特征，在线性数据集上有较好的外推能力，同时该核函数的可解释性较强，但大量研究显示，当数据集呈非线性关系时，线性核函数在训练样本上的学习效果较差；径向基核函数善于提取样本的局部特征,因而在小样本数据集上有着较好的学习和泛化性能,且该核函数参数较少,方便调节,但当样本间距离较远,即样本点逐渐偏离测试点时,径向基核函数的泛化性能下降;多项式核函数外推能力较强,插值能力较弱,该核函数参数多,样本训练时间长,且容易出现过拟合现象[8]。

目前,核函数的选取问题并没有系统的理论作为指导,学者们大多根据数据集特点以及自身经验判断选择合适的核函数,同时,将不同类型的核函数混合重构也是当下核函数理论发展的一个方向。从前人研究来看,对不同的数据集,不同的核函数各有优劣,其中径向基核函数应用最为广泛,在多数问题上都能取得优良的结果。考虑到在实际大坝安全监控中监测数据集往往是小样本,以及大坝变形的环境量和效应量呈非线性关系的特点,本书采用径向基核函数构建相关向量机模型。

2.2　粒子群算法

粒子群算法(Particle Swarm Optimization,PSO)是由 Eberhart R 和 Kennedy J 等人提出的一种全局优化算法[9]。它模仿了鸟群的觅食行为,通过个体寻找和集体协作使种群找到食物地点。研究发现鸟群在飞行中常会突然散开而后再聚集,个体与个体间行动虽有差异,但其整体总保持一致性,通过搜索离食物最近的鸟的周围区域,鸟群最终到达食物地点,完成整个觅食活动。PSO算法就是从这种生物群体行为特性中得到启发,利用种群的信息共享机制,基于个体间的协作来寻求搜索空间中的最优解。

PSO算法中,每个个体代表一个粒子,每个粒子都有一个由适应度函数(与要解决问题有关)决定的适应值(Fitness Value,FV),以此判断种群在搜索空间中发现的最佳位置。大致来讲,该算法初始化一群粒子,然后通过适应度函数计算在搜索空间中不断迭代,在每次迭代过程中,粒子通过两个最优解来更新自身的速度和位置,分别是个体最优解(Particle Best,p_{best_i})和全局最优解(Global Best,g_{best}),在满足迭代停止条件后,便停止优化搜索过程,进而得到整个搜索空间中的最优解[10]。

2.2.1　粒子群算法理论

设种群的搜索空间为 D 维,总粒子数为 N。第 i 个粒子的位置表示为向量 $X_i = (X_{i1}, \cdots, X_{iD})$;第 i 个粒子的速度表示为向量 $V_i = (V_{i1}, \cdots, V_{iD})$;第 i

个粒子在飞行中发现的最优位置(即个体最优解)表示为向量 $p_{best_i} = (P_{i1}, \cdots, P_{iD})$;当前种群在飞行中发现的最优位置(即全局最优解)表示为 g_{best},该值是所有 p_{best_i} 中的最优值。则种群中每个粒子的位置和速度按以下公式进行变化:

$$V_{id}^{k+1} = V_{id}^k + c_1 \times r_1 \times (p_{Best_{id}}^k - X_{id}^k) + c_2 \times r_2 \times (g_{Best}^k - X_{id}^k) \quad (2.2.1)$$

$$X_{id}^{k+1} = X_{id}^k + V_{id}^{k+1}, 1 \leqslant i \leqslant N, 1 \leqslant d \leqslant D \quad (2.2.2)$$

其中,k 为当前迭代次数;c_1 和 c_2 为加速因子,是两个正实数;r_1 和 r_2 为随机因子,取值范围为 $[0, 1]$;第 d 维的位置变化范围为 $[X_{\min d}, X_{\max d}]$,速度变化范围为 $[V_{\min d}, V_{\max d}]$,如果粒子的位置和速度值超出边界值则取为边界值。

在迭代过程中 p_{best_i} 和 g_{best} 按以下公式进行取值:

$$p_{Best_i}^{k+1} = \begin{cases} p_{Best_i}^k, & F(P_i^{k+1}) \geqslant F(p_{Best_i}^k) \\ p_i^{k+1}, & F(P_i^{k+1}) < F(p_{Best_i}^k) \end{cases} \quad (2.2.3)$$

$$g_{Best}^{k+1} = \min\{F(p_{Best_1}^{k+1}), \cdots, F(p_{Best_D}^{k+1})\} \quad (2.2.4)$$

其中,$F(\cdot)$ 为适应度函数,即根据式(2.2.3)适应度函数的值先更新个体最优解 p_{best_i},再根据式(2.2.4)用个体最优解来更新全局最优解 g_{best}。

在粒子群算法的基础之上,Shi 等人给出了惯性权重 ω 的概念并对算法进行了改进。惯性权重 ω 代表着以前的速度对当前速度的影响,用以权衡全局搜索能力和局部搜索能力。当惯性权重 ω 值较大时,全局的搜索能力较强;而当惯性权重 ω 值较小时,局部的搜索能力效果较好。其具体公式为:

$$\omega = \omega_{\max} - \frac{Iter \times (\omega_{\max} - \omega_{\min})}{Iter_{\max}} \quad (2.2.5)$$

其中,$\omega_{\max}$ 为最大惯性权重,$\omega_{\min}$ 为最小惯性权重。Eberhart R 等人经过多次实验,发现 $\omega_{\max}$ 和 $\omega_{\min}$ 分别取值 0.9 和 0.4 会得到较好的泛化性能[15],$Iter_{\max}$ 为最大迭代次数,$Iter$ 为当前迭代次数。

这样,式(2.2.1)和式(2.2.2)更新为:

$$V_{id}^{k+1} = \omega \times V_{id}^k + c_1 \times r_1 \times (p_{Best_{id}}^k - X_{id}^k) + c_2 \times r_2 \times (g_{Best}^k - X_{id}^k) \quad (2.2.6)$$

$$X_{id}^{k+1} = X_{id}^k + V_{id}^{k+1}, 1 \leqslant i \leqslant N, 1 \leqslant d \leqslant D \quad (2.2.7)$$

观察式(2.2.6)可以发现,第 i 个粒子的新速度由三个部分组成:第一部分是粒子以前的速度;第二部分代表粒子个体的学习能力,即第 i 个粒子当前位置与自身在历史飞行中最优位置之间的距离;第三部分代表群体的协作能力,即第

i 个粒子当前位置与种群在飞行中发现的最优位置之间的距离。完成公式（2.2.6）的计算后,再代入式（2.2.7）,以此计算第 i 个粒子的新位置[11]。PSO算法粒子在两维空间移动示意图如图 2.2.1 所示。

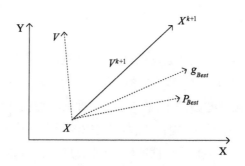

图 2.2.1　PSO 算法粒子在两维空间移动示意图

2.2.2　粒子群算法流程

由上文分析可知,粒子群算法的流程可描述为:

Step 1：初始化种群。初始化粒子的速度和位置;设置各参数值,包括粒子数量,迭代次数,加速因子 c_1、c_2 和惯性权重 ω,速度变化区间 $[V_{min}, V_{max}]$,位置变化区间 $[X_{min}, X_{max}]$。

Step 2：计算两个最优解的初始值。根据初始位置和适应度函数,计算出其相应的个体最优解 p_{best_i} 和全局最优解 g_{best}。

Step 3：更新粒子。按式（2.2.6）和式（2.2.7）更新每个粒子的速度和位置。

Step 4：更新最优解。根据粒子新的位置和适应度函数,按式（2.2.3）和式（2.2.4）更新每个粒子的个体最优解 p_{best_i} 和全局最优解 g_{best}。

Step 5：重复 Step 3 和 Step 4 直至满足迭代停止条件,即达到指定的最大迭代次数 $Iter_{max}$ 为止。

其流程图如图 2.2.2 所示。

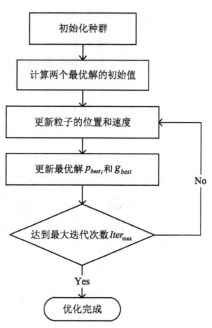

图 2.2.2　粒子群算法流程图

2.3 改进的相关向量机模型

2.3.1 模型构建

深入学习相关向量机理论会发现,相关向量机模型本身存在一定的局限性,即在相关向量机模型的构建过程中,核函数参数的选取十分重要,仅凭经验赋值无法保障模型的泛化性能,人为因素的干预会导致模型精度存在不确定性,难以满足高质量的大坝安全监控要求。就本书选取的径向基核函数而言,一般来讲,大宽度的径向基核函数参数泛化性能较强,小宽度的核参数学习性能优良,但容易出现过拟合的现象[12]。因此,本书在高精度、收敛快的相关向量机模型基础上,借助具有优秀的全局搜索能力的粒子群算法,对原模型加以改进,提出一种新的模型——PSO-RVM 模型。

PSO-RVM 模型以相关向量机模型理论为基础,利用粒子群算法,在训练集样本上对相关向量机模型中的关键参数——核函数参数 γ 进行寻优,在找到最优核函数参数后,重新进行训练,训练完成后输出预测集样本的预测值。具体来讲,PSO-RVM 模型的构建分为三个步骤:

(1) 利用 PSO 算法优化 RVM 模型的核参数

1) 初始化粒子种群。

2) 计算两个最优解的初始值。根据初始位置和适应度函数,计算出其相应的个体最优解 p_{best_i} 和全局最优解 g_{best}。

3) 更新粒子速度和位置。将 RVM 模型的核函数参数看作粒子的位置,按照式(2.2.6)和式(2.2.7)更新每个粒子的速度和位置。

4) 更新两个最优解。根据粒子新的位置和适应度函数,按式(2.2.3)和式(2.2.4)更新每个粒子的个体最优解 p_{best_i} 和全局最优解 g_{best}。

5) 重复步骤 3 和 4 直至满足迭代停止条件,即达到指定的最大迭代次数为止。

(2) 利用最优核参数建立 RVM 模型

将 PSO 算法搜索到的全局最优解 g_{best} 作为 RVM 模型的最优核参数,按2.1.2节 RVM 模型的流程建立 RVM 模型。

1) 初始化超参数 α 和 σ^2,设置最大迭代次数 T 为 3 000 次和迭代精度 $\delta = 10^{-3}$。

2) 按照式(2.1.10)和式(2.1.11)计算方差矩阵 Σ 和均值 μ。

3) 按照式(2.1.15)和式(2.1.16)迭代更新超参数 α 和 σ^2。

4) 重复步骤 2 和 3 直至满足收敛条件,即迭代次数 $T \geqslant 3\,000$ 或第 $k+1$ 次迭代完成后超参数 α 满足 $\max|\alpha_i^{k+1} - \alpha_i^k|_{i=1}^{N+1} < \delta$。

(3) 利用建立的 PSO-RVM 模型对预测集样本进行预测

在利用 PSO 算法得到最优核参数,建立起的 PSO-RVM 模型训练完成后,输入预测集样本,按照式(2.1.18)计算输出预测集样本的预测值。

以上便是本书提出的 PSO-RVM 模型的构建步骤,其中具体的参数公式详见 2.1.2 节和 2.2.2 节。

2.3.2　模型实现

2.3.2.1　模型参数选择

本书提出的 PSO-RVM 模型,以相关向量机模型为基础,利用粒子群算法对核函数参数寻优,对原模型加以改进。在实际的模型实现过程中,需要对粒子群算法的参数进行选择。

粒子群算法的参数众多,在实际应用中,选择合适的参数有利于提高算法的性能和效率。其中,需要调节的参数有适应度函数 $F(\cdot)$,种群规模 N,惯性权重 ω,加速因子 c_1、c_2,最大迭代次数 $Iter_{\max}$,位置变化区间 $[X_{\min}, X_{\max}]$ 和速度变化区间 $[V_{\min}, V_{\max}]$。对这些参数的选择具体介绍如下:

(1) 适应度函数 $F(\cdot)$

适应度函数是用来对种群中各粒子的适应性进行度量的函数[13],适应度函数越小,则对应的粒子个体被选中作为最优解的机会越大。结合模型评估需求,本书选择常用的模型评价指标——均方根误差作为适应度函数:

$$F(\cdot) = \sqrt{\frac{1}{N}\sum_{i=1}^{N}(y_i - \widehat{y_i})^2} \qquad (2.3.1)$$

其中,适应度函数 $F(\cdot)$ 中的 $\cdot$ 表示计算对象,N 表示种群规模,y_i 和 $\widehat{y_i}$ 分别表示模型因变量的实测值和预测值。

(2) 种群规模 N

研究发现,在 PSO 算法中,当待优化参数维数不大时,种群规模即粒子个数一般取 $10 \sim 30$ 就能得到比较好的结果,种群规模越大,模型收敛速度越慢[14]。本书中,PSO 算法优化 RVM 模型时维数是 1,考虑到大坝安全监控模型在实际应用中的及时预报需求,本书选择种群规模 $N=10$。

（3）惯性权重 ω

惯性权重 ω 代表以前速度对当前速度的影响。本书参考 Eberhart 和 Shi 等人的建议[15]，将惯性权重 ω 中的两个参数设置为：$\omega_{max} = 0.9$，$\omega_{min} = 0.4$。

（4）加速因子 c_1、c_2

加速因子 c_1、c_2 用于调整粒子在飞行过程中自身学习能力和群体协作能力比重，加速因子的取值会影响到粒子的运动轨迹。前人在类似的大坝安全监控模型研究中发现，$c_1 = c_2 = 1.5$ 时，模型具有较好的收敛效果[14]。

（5）最大迭代次数 $Iter_{max}$

迭代次数越多，获得参数最优解的可能性越大，但同时模型整体的训练时间会越长，且容易产生过拟合现象[16]。因此，本书设置最大迭代次数 $Iter_{max} = 100$，兼顾模型的预报精度和计算复杂度。

（6）速度变化区间 $[V_{min}, V_{max}]$

为防止搜索发散，PSO 算法中通过设置区间来对粒子的飞行速度进行限制，使得粒子速度在边界值以内。参考文献[14]，本书设置 $V_{min} = 1$，$V_{max} = 1$。

（7）位置变化区间 $[X_{min}, X_{max}]$

为保证粒子在搜索空间内的飞行位置可解释，还需使用位置变化区间来对粒子的位置进行限制，将粒子在运行中超出边界值的位置设定为边界值。理论上讲，RVM 核参数 γ 的取值范围为 $(0, +\infty)$，但如果缺乏最大位置 X_{max} 的限制，会产生搜索发散问题，导致模型拟合时间过长[17]，参考大量研究发现，合适的核参数 γ 一般不超过 20，因此本书设置 $X_{min} = 1$，$X_{max} = 30$。

2.3.2.2　模型流程

本书选择径向基函数作为 RVM 模型的核函数，利用 PSO 算法对核函数参数 γ 进行优化，构建起 PSO-RVM 模型用于大坝安全监控。在 PSO 优化 RVM 参数之前，需先将预处理后的数据按一定比例划分为训练集和测试集两部分，其中训练集用于模型构建及参数寻优，测试集用于模型评价。训练集与测试集的划分比例并没有严格的要求和标准，本书取 90% 的样本数据作为训练集，余下的 10% 作为测试集。

本书相关向量机模型引入了 PSO 算法，模型流程图如图 2.3.1 所示，其中参数公式以及迭代停止条件详见 2.1.2 节和 2.2.2 节。

本书将选取某面板堆石坝的变形及相关监测数据，利用提出的 PSO-RVM 模型对该面板堆石坝的变形进行预测，通过科学合理的评价指标来评判其作为大坝安全监控模型的适用性和可行性。

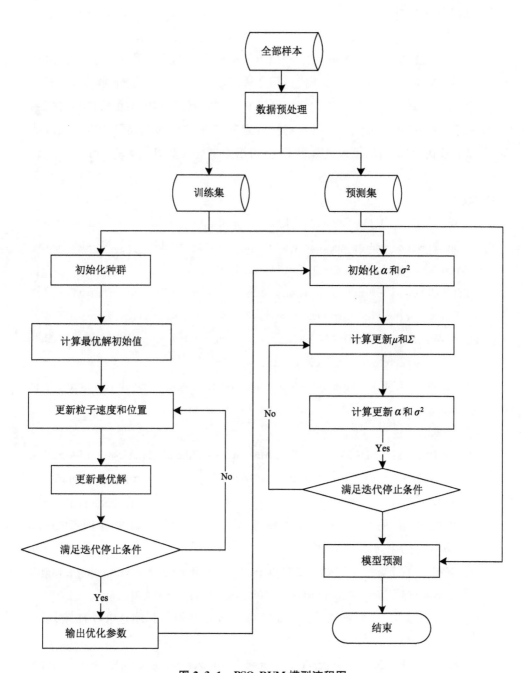

图 2.3.1 PSO-RVM 模型流程图

2.4 本章小结

本章主要阐述了本书提出的 PSO-RVM 模型的两大理论基础。一方面介绍了相关向量机算法的原理、迭代过程及核函数理论;另一方面介绍了粒子群算法的原理、参数及迭代过程等内容。接下来,本书将针对相关向量机模型的核函数参数,借助粒子群算法优秀的全局搜索能力,对相关向量机模型加以改进。基于以上基础,本章给出了改进基于 PSO 的相关向量机模型及建模过程。

参考文献

[1] WIDODO A, KIM E Y, SON J D. Fault diagnosis of low speed bearing based on relevance vector machine and support vector machine[J]. Nondestructive testing & evaluation, 2009, 36(3): 7252-7261.

[2] TIPPING M E. Sparse Bayesian learning and relevance vector machine[J]. Journal of machine learning research, 2001, 3(1): 211-244.

[3] ROWEIS S, GHAHRAMANI Z. A unifying review of linear gaussian models [J]. neural computation, 1999, 11(2): 305-345.

[4] TIPPING M E. Bayesian inference: an introduction to principles and practice in machine learning [M]// Advanced Lectures on Machine Learning, 2003: 41-62.

[5] TIPPING M E, FAUL A C. Fast Marginal Likelihood Maximisation for Sparse Bayesian Models[C]// International Workshop on Artificial Intelligence and Statistics, 2003: 3-6.

[6] 吴涛. 核函数的性质、方法及其在障碍检测中的应用[D]. 长沙:中国人民解放军国防科学技术大学,2003.

[7] BAUDAT G, ANOUAR F. Generalized discriminant analysis using a kernel approach[J]. Neural computation, 2000, 12(10): 2385-2404.

[8] 田萌,王文剑. 高斯核函数选择的广义核极化准则[J]. 计算机研究与发展, 2015, 52(8): 1722-1734.

[9] EBERHART R, KENNEDY J. A new optimizer using particle swarm theory [C]// Proceedings of the Sixth International Symposium on Micro Machine and Human Science. IEEE, 2002.

[10] 袁正午,李君琪. 基于改进粒子群算法的云资源调度[J]. 计算机工程与设计, 2016,37(2): 401-404,412.

[11] 徐玉杰. 粒子群算法的改进及应用[D]. 南京:南京师范大学,2013.

[12] 王梅. 一种改进的核函数参数选择方法[D]. 西安:西安科技大学,2011.

[13] 刘衍民. 一种求解约束优化问题的混合粒子群算法[J]. 清华大学学报(自然科学版),2013(2): 242-246.

[14] 刘欣蔚,王浩,雷晓辉,等. 粒子群算法参数设置对新安江模型模拟结果的影响研究[J]. 南水北调与水利科技,2018,16(1): 69-74.

[15] EBERHART R,SHI Y H. Particle swarm optimization: developments, applications and resources [C]// Congress on Evolutionary Computation. IEEE,2002.

[16] 宋华军,刘芬,陈海华,等. 一种基于改进PSO的随机最大似然算法[J]. 电子学报,2017,45(8): 1989-1994.

[17] 徐生兵,李国,徐晨. 一种新的位置变异的PSO算法[J]. 计算机工程与应用, 2010,46(28): 54-56.

3 温度场-渗流场-应力场
耦合研究进展

混凝土坝及其坝肩、坝基处于一个变化的环境之中,气温场、水温边界以及上下游水压作用会使得坝体及坝基内形成渗流场。气温及水温随时间变化,随着水库水位的升降,水温及气温作为大坝温度场的边界条件的变化将导致坝体内会产生时空温度梯度,从而形成内外及整体或局部温度荷载。因此,坝体存在温度-渗流-应力(THM)三场的耦合。地下水、地应力和温度是坝基岩体(特别是裂隙岩体)所处地质环境中的三个主要的因素,且这三者之间相互联系、相互作用、相互制约,形成岩体 THM 三场耦合效应。因此,大坝运行过程中,大坝的变形与温度、水的作用相互耦合、互相影响,在数值模拟过程中要考虑 THM 耦合作用。以下分别综述岩体和坝体的 THM 耦合分析研究现状。

3.1 岩体温度-渗流-应力耦合分析

一般而言,岩体处在温度、应力及地下水流动的地质环境中,温度场、渗流场和应力场存在着相互作用。热作用可以在岩体中产生热应力并引起岩体的弹模、泊松比等力学参数的变化;同时温度变化会引起地下水密度的变化,从而影响地下水的流动。地下水的流动可以通过传导或对流使热量更快地扩散开来,而岩体中地下水的存在可以改变岩体的受力情况。变形使得岩体在内部产生一定的热量耗散,而力学变形也会部分影响固体热学特性,同时力学效应影响孔隙度或流体的渗透性能。根据影响因素的近似程度及相互影响的耦合深度,多场耦合模型有不同的层次。非完全耦合作用机理模型[1](图 3.1.1)和完全耦合作用机理模型[2](图 3.1.2)是目前 2 种主要的岩体 THM 耦合作用机理模型。

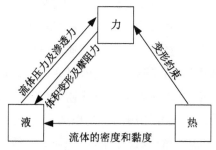

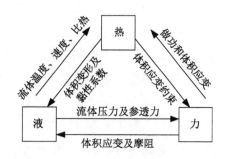

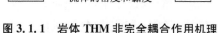

图 3.1.1　岩体 THM 非完全耦合作用机理　　图 3.1.2　岩体 THM 完全耦合作用机理

目前,主要采用多孔介质的方法研究岩体 THM 耦合机理,根据一定的假设条件建立 THM 耦合控制方程。Rutqvist 等[3]采用多孔均匀介质的方法推导了核废料处理领域中应用较多的几种软件的控制方程。刘亚晨等[4, 5]采用均质多孔介质的方法建立了应力、应变、温度和热力学压力的关系方程式,给出了核废料贮库裂隙岩体介质热-液-力耦合的定解方程,推导了求解 THM 耦合力学模型的有限元计算列式,通过有限元数值模拟探讨了核废料贮存裂隙岩体水热耦合迁移以及应力响应特征。

天然岩体中存在大量的孔隙和裂隙,这些缺陷改变了岩体的力学性质并影响岩体的渗透特性及热学性能。为了能够精确处理温度场、渗流场、应力场耦合特性,必须考虑裂隙的影响。目前关于岩体的 THM 耦合研究主要有等效连续介质力学法与离散介质力学法(以下简称"等效连续法"与"离散法")两种方法[6]。等效连续法是将裂隙中的渗流量、热流等平均到岩体中形成等效连续介质模型,然后利用经典的多孔介质分析方法进行分析。等效连续法使用方便,但不容易判定岩体渗流或热流的尺寸效应。离散法是基于单条裂隙水流或热流基本公式,利用流入、流出各裂隙交叉点流量守恒条件求水头值或温度值。由于离散法采用节理单元模拟不连续面,因此更接近于实际情况,但存在处理难度大和数值分析工作量大的不足。因此在实际工程中,对于大量的微裂隙一般采用等效连续介质法模型进行分析,而对于少数的大裂隙采用离散法模型进行分析。

Millard 等[7]的研究表明离散法和等效连续法在温度和力学方面的计算结果相类似,但在水力特性上存在差异。主要原因是裂隙的水力传导与裂隙开度之间非线性关系很强。Olivella 等[6]用双重介质模型进行 THM 耦合分析,以研究层理结构岩体的固有渗透率和变形变化,结果表明全耦合很必要。孙培德[8]采用随机分析方法研究核废料地质系统的 THM 耦合。张强林和王媛[9]综述了岩体 THM 耦合研究现状,总结了裂隙岩体 THM 耦合试验研究、裂隙岩体耦合模型、方程求解等。柴军瑞[10,11]提出了岩体 THM 耦合的连续介质模型及岩体裂缝网络非线性渗流控制方程式。盛金昌[12]建立了多孔岩体介质 THM 全耦合数学模型并用有限元软件 FEMLAB 对模型进行了验证。赖远明等[13]对寒区隧道 THM 耦合问题进行了非线性分析,提出了带相变的 THM 耦合问题的数学力学模型。赵阳升等[14]建立了多孔介质多场耦合作用的理论框架,其耦合作用理论包含固体应力场、渗流场、温度场和浓度场的耦合作用,深入研究了固液耦合作用下孔隙与单一裂隙的渗流本构方程,较详细介绍煤层气开采的裂隙介质固气耦合模型与应用、盐矿开采的固流热传质耦合模型与应用、高温岩体地热开采的固流热耦合模型。黄涛等[15]基于系统理论研究及工程实践,提出了 THM 耦合条件下大埋深裂隙围岩隧道涌水量预测计算的确定性数学模型方法(水文地质数值模拟法),并通过一隧道工程实例进行了计算验证。孟陆波等[16]通过高地温、高渗透水压、高围压条件下的三轴卸荷试验,研究 THM 耦合作用下千枚岩的变形破坏特征,采用 COMSOL Multiphysics 软件模拟 THM 耦合作用下千枚岩隧道的大变形。吉小明[17]利用混合物理论,推导了裂隙岩体等效连续介质温度场、渗流场和应力场三场耦合的全耦合数学模型及其控制方程,采用全耦合求解法给出了控制方程的有限元表达式。张志超[18]基于物理守恒定律及非平衡态热力学理论,建立了一种针对饱和岩土体的 THM 完全耦合问题的理论模型。张玉军[19]建立了一种饱和-非饱和遍有节理岩体的双重孔隙-裂隙介质 THM 耦合模型,其特点是应力场和温度场是单一的,但具有不同的孔隙渗流场和裂隙渗流场,以及可考虑裂隙的组数、间距、方向、连通率和刚度对本构关系的影响。赵延林等[20]在建立双重介质 THM 耦合微分控制方程的基础上,提出了裂隙岩体 THM 耦合的三维力学模型,对不同介质分别建立以节点位移、水压力和温度为求解量的三维有限元列式,开发了双重介质 THM 耦合分析的三维有限元计算程序,对有限元数值分析中的不连续面应力计算采用等厚度空间 8 节点节理单元进行离散,而对不连续面渗流和热能计算采用平面 4 节点等参单元进行离散,这样保证了不同介质之间的水量、热量交换和两类模型接触处节点水头、温度和位移相等。杨新乐等[21]基于煤体渗透率、孔隙度随温度、应力,以及气体导热系数、杨氏模量、泊松比随温度变化的关系,综合运用渗流力学、岩石力学、传热学等相关理论建立了低渗透煤层气注热开采过程煤层气渗流热-流-固多物理场耦合数学模型。徐光苗等[22]从不可逆过程热力学和连续介质力学理论出发,推导了冻结温度下岩体的质量守恒方程、平衡方程及能量守恒方程的最终表达形式,为研究寒区工程围岩温度场、渗流场及应力场的分布规律及变形机理提供了新的理论依据。张玉军等[23-25]基于遍有节理岩体双重孔隙-裂隙介质THM耦合模型,采用有限元法研究了裂隙贯通率、裂隙剪胀效应和裂隙开度的压力溶解对双重孔隙介质THM耦合现象的影响。

Liu等[26]建立了断层突水非线性的THM耦合模型,采用COMSOL Multiphysics进行求解。Kang等[27]研究了岩体在冻融条件下的THM耦合过程。基于质量守恒定律、能量守恒定律和静态平衡原理建立了冻融岩石THM耦合的控制方程,采用差分法进行求解并研究了耦合参数的确定。Zhang和Cheng[28]基于非平衡热力学方法建立了一个适合饱和土的完全耦合的THM理论模型,将THM耦合系统的数学描述简化为一组迁移系数和能量函数的建模。结果表明,该模型能够准确描述饱和土的热固结和剪切基本规律。Salomoni[29]基于修正的混合理论建立了有限应变的三维THM耦合模型,用于分析饱和多孔介质。Zhao等[30]建立了开裂介质的三维THM耦合模型,模拟了热干岩地热能的开采过程。Bekele等[31]基于多孔介质理论推导了动量、质量和能量守恒方程,采用等几何分析模拟了冻土的THM耦合过程。

对于坝基岩体,由于温度变化不大,多数情况只考虑渗流场与应力场耦合作用。柴军瑞[32]综述了大坝及其周围地质体中渗流场与应力场耦合分析。盛金昌和速宝玉[33]综述了裂隙岩体渗流应力耦合研究现状。裂隙岩体渗流场与应力场耦合分析研究的基础和关键环节是单一裂隙(组)渗流与应力关系的建立。一般采用直接试验法、间接公式法和概念模型法建立单一裂隙(组)渗流与应力耦合关系。在直接试验法方面,Louis[34]首次建立了岩体渗透系数与正应力的经验关系式,指出渗透系数随正应力的增大而变小,两者之间呈负指数关系。刘继山[35]用实验方法研究了单裂隙和两正交裂隙受正应力作用时的渗流公式。仵彦卿等[36]通过实际岩样的室内试验得出了裂隙岩体渗透系数与岩体裂隙分维数之间的分形几何关系。速宝玉等[37]分别对贯通裂隙和充填砂浆裂隙进行了实验。张玉卓等[38]对裂隙岩体渗流与应力耦合进行了试验研究,得出渗流量与应力成四次方关系或非整数幂关系的结论。郑少河等[39]进行了三维应力作用下天然裂隙岩体渗流规律的试验研究。在间接公式法方面,Oda和Yamabe[40]采用裂隙几何张量来统一表达岩体渗流与变形之间的关系。仵彦卿和张倬元[36]从岩体渗透的立方定律、岩体裂隙压缩变形(量)、剪切变形(量)分析出发,导出了应力与裂隙隙宽、裂隙渗透系数之间的关系式;从理论上分析了剪应力作用下岩体中单裂隙渗流公式,并导出了单裂隙中渗透压力与岩体变形量的定量关系式。

周创兵等[41]提出了考虑岩体应力的裂隙渗流的广义立方定律。Bai 等[42]研究了非正交渗流情况下变形岩体渗透性随应力的变化规律。柴军瑞等[43]推导了单裂隙水流对裂隙壁施加的切向拖曳力公式。在概念模型方面,最初主要有钉床模型、洞穴模型和洞穴凸起模型三种[33]。后来,周创兵等[42]提出了裂隙的半圆形凸起模型。Reichard 等[44]从理论上分析了变形多孔介质渗透系数的表达式。柴军瑞和仵彦卿[45]归纳了渗流与应力的相互作用及关系式,见表 3.1.1。

表 3.1.1　渗流与应力的相互作用及关系式

介质类别	项目	相互作用	经验关系式	理论关系式
(等效)连续介质	渗流对应力的影响	渗流通过施加于某作用面上的渗透压力(面力)和在渗流区域内分布的渗流体积力影响应力分布	有效应力原理 静水压力公式 扬压力公式	$p = \gamma(H-z)$ $f = \gamma J_f$
	应力对渗流的影响	应力通过改变介质体积应变及空(孔)隙率而影响介质的渗透系数,从而影响渗流场	$K_f = K_f^0 e^{-a(\sigma'-\sigma_0')}$ $K_f = K_f^0 \left(\dfrac{\sigma'}{\sigma_0}\right)^{-D_f}$ $K_f = a e^{-b\Theta+cP}$	$K = K(n)$ $n = n(\varepsilon_V)$ $\varepsilon_V = \varepsilon_V(\sigma_{ij})$
裂隙网络介质(包括层面)	渗流对应力的影响	渗流通过施加于裂隙壁面上的法向渗透压力(面力)和切向拖曳力(面力)而影响应力分布	有效应力原理 静水压力公式 扬压力公式	$p = n\gamma(H-z)$ $t_w = \dfrac{b^*}{2} n\gamma J_f$
	应力对渗流的影响	应力通过改变裂隙隙宽而影响裂隙渗透系数,从而影响介质的渗透性及渗流场分布	$b = \dfrac{b_0}{A(\sigma/\zeta)^a + 1}$ $K_f = \dfrac{\gamma}{12\mu} \mu_{f_0} \dfrac{\frac{\gamma H_0}{2K_n \ln(R/r_0)} \frac{2\sigma}{K_n}}{e}$	$\overline{\Delta b} \approx \dfrac{3.28\gamma Hr(1-\nu^2)}{E}$

其中:K_f 和 K_f^0 分别为岩体正应力为 σ 和 σ_0 时的渗透系数(张量);Θ 和 P 分别为岩体的体积应力和渗透水压力;a、b、c 和 A 分别为试验待定系数;D_f 为岩体裂隙分布的分维数;σ' 和 σ_0' 为有效正应力;b 和 b_0 分别为应力 σ 和 σ_0 时的裂隙隙宽;ζ 为裂隙的就位应力;γ 和 μ 分别为水的容重和动力黏滞系数;μ_{f_0} 为裂隙面最大压缩变形量;K_n 为裂隙面当量闭合刚度;H_0 为压水井(孔)中稳定水

头;R 为影响半径;r_0 为压水井(孔)半径;$\overline{\Delta b}$ 为半径 r 的圆形裂隙面承受渗透静水压力 γH 时的裂隙隙宽平均变化(扩张)量;E 和 ν 分别为裂隙面两侧岩石的弹模和泊松比;H 和 z 为作用面上的水头分布和位置高度;J_f 为渗流水力坡度;f 为渗流体积力;n 为裂隙充填物的孔隙率;切向拖曳力 t_w 和裂隙水流方向一致,使裂隙产生剪切变形;b^* 为裂隙隙宽。

仵彦卿等[36]将岩体渗流场与应力场耦合分析数学模型的建模方法分为机理分析法、混合分析法及系统辨识法,并分别形成岩体渗流场与应力场耦合分析的理论模型、经验理论模型及集中参数模型等三种主要模型。由于对岩体介质不同的处理方法,每种模型又可分为(等效)连续介质模型及非连续介质模型两种。以机理分析法建立起来的岩体渗流场与应力场耦合分析的理论模型包括(等效)连续介质模型、裂隙网络模型、(狭义与广义)双重介质模型以及多重裂隙网络模型。在双场耦合模型的具体求解方面,早期主要有基于 Biot 固结理论的裂隙渗流与应力耦合分析的模型[36]。Oda[46]以岩体节理统计为基础,运用渗透率张量法建立了岩体渗流场与应力场耦合的等效连续介质模型。Ohnishi[47]提出了以节理元为基础的有限元模型和地下工程围岩的应力渗流温度耦合的本构关系模型。王媛等[48]提出了裂隙岩体渗流与应力耦合的"四自由度全耦合分析方法",即将裂隙岩体渗流场和应力场作为同一场,联立裂隙岩体满足的渗流方程和应力方程,建立起同时以节点位移和节点渗流水压力为未知量的耦合有限元方程组。黄涛等[49]建立了隧洞裂隙岩体温度渗流耦合数学模型。赖远明等[50]研究了寒区隧洞温度场、渗流场和应力场耦合问题的非线性问题。朱珍德等[51]研究了裂隙岩体的渗流场与损伤场耦合分析模型及其工程应用。刘明等[52]结合岩石全应力应变过程中渗透性变化特点,分别建立了渗透系数随应力和损伤变化的函数,结合岩体塑性损伤本构建立了塑性损伤流固耦合分析模型,且通过二次开发将其嵌入 ABAQUS。以上模型都属于(等效)连续法中的机理分析模型。

在裂隙岩体渗流场与应力场耦合模型在大坝工程中的应用方面,陈平和张有天[53]对重力坝坝基进行了裂隙岩体渗流应力二维耦合分析。耿克勤等[54]对龙羊峡水电站重力拱坝坝基和坝肩岩体进行了三维有限元耦合分析。顾冲时等[55]研究了渗流影响下坝体和坝基应力场。王媛等[56]对裂隙岩体边坡和重力坝岩基进行了渗流应力全耦合分析。柴军瑞等[57]分析了小湾水电站坝区三维渗流场与应力场耦合问题。柴军瑞[58]建立了大坝-地质体系统渗流场与应力场耦合分析的多重裂隙网络非线性数学模型及渗流场与温度场耦合分析的连续介质数学模型,并开发求解此耦合分析模型的三维有限元程序与软件,将其应用于小湾水电站坝区和龙滩碾压混凝土坝渗流场与应力场耦合分析以及龙滩碾压混凝土坝渗流场与温度场耦合分析中。林鹏等[59]依托溪洛渡水电站工程,采用裂隙岩体渗流-应力耦合分析模型,论述了施工期涉及渗流作用机制、大坝基础变形和稳定状态的几个关键问题。沈振中等[60]根据三峡大坝基岩的具体特点,提出了坝基岩体黏弹性应力场与渗流场的耦合分析模型,假设渗透系数与应力的关系为指数函数关系,结果表明渗流场的作用是明显的。丁秀丽和盛谦[61]采用FLAC^{3D}对三峡大坝左岸厂房 3$^{\#}$ 坝段坝基渗流场与应力场进行了耦合分析,探讨了基岩孔隙压力对大坝基础应力与位移的影响,并对坝基内设置不同防渗、排水设施时岩体应力、变形及渗流场分布特征进行了研究。黄耀英等[62]采用等效连续介质模型研究了考虑渗流场和应力场耦合对混凝土坝位移的影响,研究表明:考虑耦合分析时岩基内的等水头线较不考虑耦合时偏向下游,且坝基扬压力较大;考虑耦合与不考虑耦合对大坝垂直位移的影响略大于对水平位移的影响,但总体影响较小;考虑耦合分析时岩基内水平向应力等值线较不考虑耦合分析时向下游移动,垂直向应力等值线较不考虑耦合分析时向上游移动。已有研究表明:耦合作用对渗流场的影响远大于对应力场的影响;考虑耦合作用的影响,坝底扬压力将增加,不利于大坝等建筑物的稳定;若不考虑耦合作用的影响,则计算结果可能会夸大排水孔的作用;耦合作用使碾压混凝土坝坝踵区应力集中现象加剧;进行岩基上水工建筑物设计时,应当进行耦合分析以确保工程安全。

3.2　坝体的多场耦合分析

混凝土坝自基础开挖、混凝土浇筑直到蓄水运行,由于受气温变化、水位变化及水泥水化热的影响,大坝及基础的温度场不断变化。将混凝土坝体视为多孔介质,则在上下游水头差的作用下产生渗流是必然的。温度变化受到渗流介质及其赋存条件物理性质的影响,而温度和渗流又以温度荷载和渗透力的形式作用于坝体引起变形和应力的变化,大坝与基础的变形反过来又影响渗流,因此,温度场、渗流场及变形场互相耦合、互相影响。对碾压混凝土坝来说,层面往往是碾压混凝土坝中的薄弱环节,也是坝体渗透的主要通道,且其渗透性与坝体应力状态紧密相关,碾压混凝土坝体应力对层面渗流的影响,是通过坝体应力改变层面的(等效)隙宽来作用的。渗流、热传导和变形三场相互影响、相互耦合作用,如果按照全耦合统一方程求解,计算量太大,因此,一般采取弱耦合解法,即独立求解各方程。岩体等地下工程中对于 THM 三场耦合的研究很多,混凝土坝体中 THM 三场耦合的研究尚不多。

柴军瑞[63]、陈建余等[64]和崔皓东等[65]用多场耦合的方法求解混凝土坝的渗流场-温度场耦合作用。李守义等[66]用多场耦合的方法求解碾压混凝土坝渗流场-温度应力耦合作用。张国新和沙莎[67]介绍了混凝土坝三场耦合作用全过程仿真分析方法,开发了 THM 三场耦合全过程仿真分析软件 SAPTIS。针对小湾、溪洛渡、锦屏等特高坝进行的研究分析表明,采用全过程多场耦合分析方法,可以很好地吻合大坝温度变化、变形过程和应力状态,解释温度回升、横缝开合、库盘下沉等现象和大坝的变形时空特性,预测大坝倒悬超标、局部开裂等风险。严俊等[68]将混凝土类多孔介质视为连续介质,综合运用水力学、热学和固体力学等基本理论,根据动量守恒、质量守恒和能量守恒方程建立了以位移、孔隙水压力、孔隙气压力、温度和孔隙率为未知量的多场耦合数学模型,采用有限元法对大体积碾压混凝土块的渗流场、温度场和应力场进行了耦合分析,结果表明,考虑耦合后块体温降幅度及温度大主应力均较不考虑耦合条件下大。于贺[69]根据丰满大坝的观测信息分析了大坝的渗流问题,确定了丰满大坝的饱和区分布和自由面的位置;利用细观模型分析了混凝土热传导的特性,研究了混凝土在温度荷载和渗流影响的作用下裂缝形成的问题。研究表明,冻融作用下饱和区的混凝土会更容易破坏。苏培芳等[70]运用有限元方法对光照碾压混凝土重力坝进行施工期温度、渗流、应力应变的综合仿真分析,得出了温度场、渗流场及应力场的分布规律,在此基础上评价整个坝体与坝基系统稳定性的安全度。刘学昆[71]运用 ANSYS 研究了碾压混凝土坝在施工过程中的温度场、渗流场对应力场的影响,通过坝体浇筑过程三个物理场之间的直接耦合与间接耦合的方法,比较分析了各物理场对坝体应力影响的程度。结果表明:在坝体瞬态浇筑过程中,温度场对坝体应力值影响较大,而渗流场对坝体应力影响较小。方卫华等[72]采用 COMSOL Multiphysics 对应急除险加固后的汾河二库 RCC 重力坝进行多场耦合分析,计算结果表明渗流场、位移场和应力场总体规律正常,大部分区域在安全范围内,只有极少区域出现拉应力。

参考文献

[1] ABDALLAH G, THORAVAL A, SFEIR A, et al. Thermal convection of fluid in fractured media[J]. International journal of rock mechanics and mining

sciences & geomechanics abstracts, 1995, 32(5): 481-490.

［2］ HART R D, JOHN C M S. Formulation of a fully-coupled thermal-mechanical-fluid model for non-linear geologic systems［J］. International journal of rock mechanics and mining sciences & geomechanics abstracts, 1986, 23（3）: 213-224.

［3］ RUTQVIST J, BORGESSON L, CHIJIMATSU M, et al. Thermohy dromechancis of partially saturated geological media: governing equations and formulation of four finite element models［J］. International journal of rock mechanics and mining sciences, 2001, 38(1): 105-127.

［4］ 刘亚晨.核废料贮存围岩介质 THM 耦合过程的力学分析[J].地质灾害与环境保护,2006, 17(1): 54-57.

［5］ 刘亚晨.核废料贮存围岩介质 THM 耦合过程的数值模拟[J].地质灾害与环境保护,2006, 17(2): 78-82.

［6］ OLIVELLAS S, GENS A. Double structure THM analysis of a heating test in a fracture tuff incorporating intrinsic permeability variations［J］. International journal of rock mechanics and mining sciences, 2005, 42(6): 667-679.

［7］ MILLARD A, DURIN M, STIETEL A, et al. Discrete and continuum approaches to simulate the Thermo-Hydro-Mechanical couplings in a large fractured rock mass［J］. International journal of rock mechanics and mining sciences & geomechanics abstracts, 1995, 32(5): 409-434.

［8］ 孙培德.地质系统热-水-力耦合作用的随机建模初步研究[J].岩土力学, 2003, 24(S2): 39-42.

［9］ 张强林,王媛.岩体 THM 耦合应用研究现状综述[J].河海大学学报(自然科学版),2007, 35(5): 538-541.

［10］ 柴军瑞.岩体渗流-应力-温度三场耦合的连续介质模型[J].红水河,2003, 22(2): 18-20.

［11］ 柴军瑞.岩体裂隙网络非线形渗流分析[J].水动力学研究与进展,2002, 17(2): 217-221.

［12］ 盛金昌.多孔介质流-固-热三场全耦合数学模型及数值模拟[J].岩石力学与工程报,2006, 25(S1): 3028-3033.

［13］ 赖远明,吴紫汪,朱元林,等.寒区隧道温度场、渗流场和应力场耦合问题的非线性分析[J].岩土工程学报,1999, 21(58): 529-533.

［14］ 赵阳升,杨栋,冯增朝,等.多孔介质多场耦合作用理论及其在资源与能源工程

中的应用[J].岩石力学与工程学报,2008, 27(7):1321-1328.

[15] 黄涛,杨立中.渗流应力温度耦合下裂隙围岩隧道涌水量的预测[J].西南交通大学学报(自然科学版),1999, 34(5):554-559.

[16] 孟陆波,李天斌,杜宇本,等. THM 耦合作用下千枚岩隧道大变形机理[J].中国铁道科学,2016, 37(5):66-73.

[17] 吉小明.饱和多孔岩体中温度场渗流场应力场耦合分析[J].广东工业大学学报,2006, 23(3):46-53.

[18] 张志超.饱和岩土体多场耦合热力学本构理论及模型研究[D].北京:清华大学,2013.

[19] 张玉军.遍有节理岩体的双重孔隙-裂隙介质热-水-应力耦合模型及有限元分析[J].岩石力学与工程学报,2009, 28(5):947-955.

[20] 赵延林,王卫军,曹平,等.不连续面在双重介质热-水-力三维耦合分析中的有限元数值实现[J].岩土力学,2010, 31(2):638-644.

[21] 杨新乐,任常在,张永利,等.低渗透煤层气注热开采热-流-固耦合数学模型及数值模拟[J].煤炭学报,2013, 38(6):1044-1049.

[22] 徐光苗,刘泉声,张秀丽.冻结温度下岩体 THM 完全耦合的理论初步分析[J].岩石力学与工程学报,2004, 23(21):3709-3713.

[23] 张玉军,张维庆.裂隙贯通率对双重孔隙介质热-水-应力耦合现象影响的有限元分析[J].岩土力学,2011, 32(12):3743-3750.

[24] 张玉军,张维庆.裂隙剪胀效应对双重孔隙介质热-水-应力耦合现象影响的有限元分析[J].岩土力学,2011, 32(5):1513-1522.

[25] 张玉军,张维庆.裂隙开度的压力溶解对双重孔隙介质热-水-应力耦合影响的有限元分析[J].岩土力学,2010, 31(4):1269-1275.

[26] LIU W T, ZHAO J Y, NIE R A, et al. A coupled thermal-hydraulic-mechanical nonlinear model for fault water inrush [J]. Processes, 2018, 6(8):120.

[27] KANG Y S, LIU Q S, HUANG S B. A fully coupled thermo-hydro-mechanical model for rock mass under freezing/thawing condition[J]. Cold Regions Science and Technology, 2013, 95:19-26.

[28] ZHANG Z, CHENG X. A fully coupled THM model based on a non-equilibrium thermodynamic approach and its application [J]. International journal for numerical and analytical methods in geomechanics, 2017, 41:527-554.

[29] SALOMONI V A. A mathematical framework for modelling 3D coupled THM phenomena within saturated porous media undergoing finite strains [J]. Composites part B engineering, 2018, 146: 42-48.

[30] ZHAO Y S, FENG Z J, FENG Z C, et al. THM (Thermo-hydro-mechanical) coupled mathematical model of fractured media and numerical simulation of a 3D enhanced geothermal system at 573 K and buried depth 6000~7000 M[J]. Energy, 2015, 82: 193-205.

[31] BEKELE Y W, KYOKAWA H, KVARVING A M, et al. Isogeometric analysis of THM coupled processes in ground freezing[J]. Computers and geotechnics, 2017, 88: 129-145.

[32] 柴军瑞.大坝及其周围地质体中渗流场与应力场耦合分析研究综述[J].水利水电科技进展,2002, 22(2): 53-55.

[33] 盛金昌,速宝玉.裂隙岩体渗流应力耦合研究综述[J].岩土力学,1998, 19(2): 92-98.

[34] LOUIS C. Rock hydraulics in rock mechanics[M]. New York: Wiley, 1974 .

[35] 刘继山.结构面力学参数与水力参数耦合关系及其应用[J].水文地质工程地质,1988(2): 7-12.

[36] 仵彦卿,张倬元.岩体水力学导论[M].成都:西南交通大学出版社,1995.

[37] 速宝玉,詹美礼,王媛.裂隙渗流与应力耦合特性的试验研究[J].岩土工程学报,1997, 19(4): 73-77.

[38] 张玉卓,张金才.裂隙岩体渗流与应力耦合的试验研究[J].岩土力学,1998, 18(4): 59-62.

[39] 郑少河,赵阳升,段康廉.三维应力作用下天然裂隙渗流规律实验研究[J].岩石力学与工程学报,1999, 18(2): 133-136.

[40] ODA M A, YAMABE T A. Elastic stress and strain in jointed rock masses by means of crack tensor analysis[J]. Rock mechanics and rock engineering, 1993, 26(2): 89-112.

[41] 周创兵,熊文林.不连续面渗流与变形耦合的机理研究[J].水文地质工程地质,1996, 23(3): 14-17.

[42] BAI M, MENG F, ELSWORTH D, et al. Analysis of stress-dependant permeability in nonorthogonal flow and deformation fields[J]. Rock mechanics and rock engineering, 1999, 32(3): 195-219 .

[43] 柴军瑞,仵彦卿.作用在裂隙中的渗透力分析[J].工程地质学报,2001, 9(1):

29-31.

[44] REICHARD J S, LEAP D I. The effects of pore pressure on the conductivity of fractured aquifers[J]. Ground water, 1998, 36(3): 450-456.

[45] 柴军瑞,仵彦卿. 岩体渗流与应力相互作用关系综述[C]//中国岩石力学与工程学会. 新世纪岩石力学与工程的开拓和发展—中国岩石力学与工程学会第六次学术大会论文集. 北京:中国科学技术出版社,2000: 366-368.

[46] ODA M. An equivalent continuum model for coupled stress andfluid flow analysis in jointed rock masses [J]. Water resources research, 1986, 22(13): 1854-1865.

[47] OHNISHI Y, BAYASHI A, NISHIGAKI M. 地下工程围岩的热力水力力学特性[C]//朱敬民,鲜学福,黄荣樽,译. 岩石力学的进展—第六届国际岩石力学会议论文选集. 重庆:重庆大学出版社,1990: 72-77.

[48] 王媛,徐志英,速宝玉. 裂隙岩体渗流与应力耦合分析的四自由度全耦合法[J]. 水利学报,1998, 29(7): 55-59.

[49] 黄涛,杨立中. 隧洞裂隙岩体温度渗流耦合数学模型研究[J]. 岩土工程学报, 1999, 21(5): 554-558.

[50] 赖远明,吴紫江,朱元林,等. 寒区隧洞温度场、渗流场和应力场耦合问题的非线性分析[J]. 岩土工程学报,1999, 21(5): 529-553.

[51] 朱珍德,孙钧. 裂隙岩体的渗流场与损伤场耦合分析模型及其工程应用[J]. 长江科学院院报,1999, 16(5):22-27.

[52] 刘明,章青,徐康,等. 考虑损伤作用的岩体流固耦合分析[J]. 中国农村水利水电,2011(8): 132-135.

[53] 陈平,张有天. 裂隙岩体渗流与应力耦合分析[J]. 岩石力学与工程学报,1994, 13(4): 299-308.

[54] 耿克勤,吴永平. 拱坝和坝肩岩体的力学和渗流的耦合分析实例[J]. 岩石力学与工程学报,1997, 16(2): 125-131.

[55] 顾冲时,吴中如. 渗流影响下坝体和坝基应力场的分析模型研究[J]. 水电能源科学,1999, 17(1): 1-4.

[56] 王媛,速宝玉,徐志英. 等效连续裂隙岩体渗流与应力全耦合分析[J]. 河海大学学报,1998, 26(2): 26-30.

[57] 柴军瑞,仵彦卿. 小湾水电站坝区渗流场与应力场耦合分析[J]. 四川大学学报(工程科学版), 2001, 33(2): 9-11.

[58] 柴军瑞. 大坝及其周围地质体中渗流场与应力场耦合分析[J]. 岩石力学与工

程学报,2000,19(6):811.

[59] 林鹏,刘晓丽,胡昱,等.应力与渗流耦合作用下溪洛渡拱坝变形稳定分析[J].岩石力学与工程学报,2013,32(6):1145-1156.

[60] 沈振中,徐志英,雏翠.三峡大坝坝基黏弹性应力场与渗流场耦合分析[J].工程力学,2000,17(1):105-113.

[61] 丁秀丽,盛谦.三峡大坝左厂房3#坝段坝基渗流场与应力场耦合分析[J].岩石力学与工程学报,2000,19(S1):1001-1005.

[62] 黄耀英,沈振中,田斌,等.考虑渗流场和应力场耦合对混凝土坝位移的影响研究[J].水力发电,2009,35(8):18-21.

[63] 柴军瑞.混凝土坝渗流场与稳定温度场耦合分析的数学模型[J].水力发电学报,2009,19(1):27-35.

[64] 陈建余,朱岳明,张建斌.考虑渗流场影响的混凝土坝温度场分析[J].河海大学学报(自然科学版),2003,31(2):119-123.

[65] 崔皓东,朱岳明.蓄水初期的坝体非稳定渗流场与温度场耦合的理论模型及数值模拟[J].水利学报,2009,40(2):238-243.

[66] 李守义,陈尧隆,王长江.碾压混凝土坝渗流对温度应力的影响[J].西安理工大学学报,1996,12(1):41-46.

[67] 张国新,沙莎.混凝土坝全过程多场耦合仿真分析[J].水利水电技术,2015,46(6):87-93.

[68] 严俊,魏迎奇,蔡红,等.多场耦合下大体积混凝土初次蓄水的温度应力问题研究[J].湖南大学学报(自然科学版),2016,43(5):30-38.

[69] 于贺.高寒地区混凝土大坝冻融破坏机理研究[D].大连:大连理工大学,2011.

[70] 苏培芳,汪卫明,何吉,等.碾压混凝土重力坝全程综合仿真分析与安全评估[J].岩土力学,2009,30(6):1769-1774.

[71] 刘学昆.考虑多场耦合的碾压混凝土坝温度及应力数值模拟研究[D].天津:天津大学,2012.

[72] 方卫华,王润英,许珉凡.汾河二库RCC重力坝应急除险加固后多场耦合三维有限元分析[J].大坝与安全,2017(6):24-29.

4 高坝变形监控指标研究进展

监控指标是评价某一测点某一时刻测值正常或异常的阈值,也是评价大坝安全的重要指标,对于监控大坝等水工建筑物的安全运行相当重要。利用运行期资料拟定监控指标的主要任务是根据大坝和坝基等建筑物已经抵御经历荷载的能力,来评估和预测抵御可能发生荷载的能力,从而确定该荷载组合下监测效应量的警戒值和极值。由于有些大坝可能还没有遭遇最不利荷载,同时大坝和坝基抵御荷载的能力在逐渐变化,因此监控指标的拟定是一个相当复杂的问题,也是国内外坝工界研究的重要课题。

监控指标的拟定主要以强度与稳定等作为约束条件,一般地,大坝安全准则定义为 $R - F = 0$,其中 R 为不同工作阶段的抗力。对于强度条件,是不同工作阶段的抗拉、抗压强度;对于稳定条件,是不同工作阶段的抗滑力。F 为外界作用或自身的等效破坏力,是不利组合作用下的总效应量。对于强度条件,是拉应力、压应力;对于稳定条件,是滑动力。故若要保证大坝安全,荷载效应 F 必须小于抗力 R。对于一座特定的大坝,在建成之后,抗力变化不大,保证大坝安全主要靠控制荷载效应。

4.1 常用监控指标

一般而言,工程上监测项目和测点数很多,且数据量大。为保证安全监控的及时性与有效性,应选择具有代表性的项目和测点建立监控指标。常见的监控指标有变形、渗流、扬压力、应力监控指标等[1]。国内外大坝安全监测的实践经验表明变形易于观测、精度高[2],因而变形是大坝最主要的监控量[3],由于上下游方向的变形量值较大,因而上下游的水平向位移常常作为代表性研究对象[4]。应力是在施工或运行阶段监控大坝安全的主要敏感监控量。扬压力与渗流量直接影响坝体的稳定和反映坝基的渗透性态,因此可以作为渗流监控指标[5]。随着时间的推移,筑坝材料的力学性质逐渐劣化,因而可以在递归方法的基础上建立动态模型[6],拟定动态监控指标。

4.2 监控指标常用拟定方法

为了充分反映混凝土坝的实际安全性态,混凝土坝监控指标拟定方法一般是以监测数据为依据,设计规范为准则,渗流、稳定等作为控制条件,结合设计和运行单位的经验,通过力学分析来确定。从大坝安全监测的实践来看,变形与渗流监测是大坝长期安全监控的重要监测项目,应力应变一般仅作为控制性部位在施工期和蓄水期的短期监控项目。扬压力和应力的监控指标可依据规范和设计值拟定,渗流量可依据流体力学理论结合监控资料拟定[7]。大坝变形与坝型、筑坝材料、地质条件和运行管理等因素有关,且与强度和稳定紧密相关,因此拟定运行中坝的变形监控指标较复杂[8],大坝变形监控指标的拟定一直是研究的重点和难点。缺少监控资料的施工期和蓄水期,尤其是首次蓄水期,安全监控指标一般根据设计荷载进行分析确定[9]。

研究监控指标的方法主要有数理统计法和结构分析法[10]。数理统计法有置信区间法和典型监测效应量的小概率法。数理统计法以概率理论为基础建立数学模型,实施简单。基于数理统计的处理方法具有客观适用性,理论上比结构分析方法更符合实际。相比于计算复杂的结构分析法,数理统计法计算方便,在实际工作中应用较多。通常,在采用典型小概率法拟定监控指标时,其可靠评定的前提条件是大量的数据样本及已知概率分布。将监测效应量作为随机变量,根据典型监测量的小子样分布情况来识别其母体的分布类型。当有长期观测资料,并真正遭遇较为不利荷载组合时,用数理统计法估计的坝体变形监控指标才有效,否则,只能是现行荷载条件下的极值;另外,采用数理统计法估算坝体变形监控指标时,失事概率的取值带有一定的经验性,而且采用数理统计法没有联系大坝失事的原因和机理,物理概念不明确。

结构分析法是从大坝的稳定和强度角度出发,依据大坝安全条例和监测规范,将大坝的安全性态分为正常、异常和险情三类;也可根据大坝的结构性态分为弹性、弹塑性和失稳破坏三个阶段。监控指标相对应地分为一级、二级和三级。从力学的角度考虑,可用黏弹性理论来拟定一级监测指标,用小变形的黏弹塑性理论来拟定二级监测指标,用大变形的黏弹塑性理论来拟定三级监测指标。

根据计算抗力与效应量方法的不同,结构分析法可分为安全系数法、一阶矩极限状态法、二阶矩极限状态法三类[11]。结构分析法可以联系大坝失事的原因和机理,物理概念明确,并可以模拟一些从未遭遇过的荷载工况,解决了大坝观测值序列较短、资料不全的问题,因此是确定大坝安全监测指标最有效的方法。

4.3 混凝土坝变形监控指标研究进展

利用大坝及基础的物理力学性质,借助物理力学方法建立变形与荷载的函数关系,分析研究大坝变形规律,建立变形监控模型和拟定变形监控指标,对在设计、施工阶段预测可能出现变形或监控大坝安全运行均具有重要意义。国内外众多专家学者对混凝土坝安全监控指标进行了深入的研究,且取得了较大的进展。吴中如等[10, 12-15]根据原型观测资料反馈大坝的安全监测指标,提出了安全监测指标的理论与方法,并在深入分析混凝土坝的渐进破坏机理的基础上,提出了一、二、三级变形监控指标的概念及其划分标准,且成功地应用于丹江口、龙羊峡、佛子岭等水电站工程。朱劲宇[16]根据混合模型拟定了飞来峡坝顶水平位移监控指标。孙学智等[17]和刘成栋等[18]采用典型监测效应量的小概率法分别拟定了黄坛口重力坝 12 号坝段水平位移监控指标和碗窑大坝典型坝段坝顶水平位移的一级监控指标。陈红梅等[19]采用典型监测效应量的小概率法拟定了大坝渗漏量监控指标。叶梦[20]采用典型监测效应量的小概率法和置信区间法拟定了古田溪一级大坝水平位移监控指标。丛培江等[21]运用最大熵理论推导了大坝原型观测数据的概率分布函数,结合失效概率给出了大坝的变形监控指标。俞进萍等[22]采用强度储备法研究了混凝土坝的变形监控指标,该方法可以综合考虑大坝可能遭遇的各种水位荷载。雷鹏等[23]将区间分析方法引入到大坝变形监控指标拟定中,研究了区间不确定性因素对大坝监控指标的影响。

目前大坝变形监控指标多是利用单个测点进行分析的,而大坝的变形监测往往布置多个测点。单个测点提供的变化信息毕竟是有限的,多个测点提供的信息要比单个测点提供的信息量丰富得多。因此,有必要利用多个测点的信息分析变形的稳定性,这要比基于单个测点的信息分析变形的稳定性更为全面合理。黄勇[24]通过引入极值理论提出了基于融合权重的 POT 混凝土拱坝变形监控模型,且将其成功用于雅砻江流域某混凝土拱坝。对于多测点原型观测数据,以融合权重法确定其综合权重,以信息熵理论构建多测点的变形熵,通过 POT

模型设置一定的阈值,选取变形熵的超限值作为建模对象,利用广义帕累托分布拟合超限数据子样,以失效概率给出大坝变形监控指标。该方法高效、可行且具有较高的精度,亦可用于其他水工建筑物的监控指标拟定。传统的"点"变形监控指标不能从空间整体上掌握大坝的变形性态。雷鹏等[25]从协同学和信息熵的角度出发,提出了能综合评价混凝土大坝空间场整体变形性态的变形熵表达式,在此基础上,应用小概率法对变形熵序列值进行分析,并拟定变形熵的预警指标值。孙鹏明等[26]综合同一断面不同高程处水平位移序列,采用投影寻踪模型将高维数据投影到低维空间,形成加权位移值,运用云模型正、逆向云发生器拟定大坝位移安全监控综合指标。

谷艳昌等[27]将蒙特卡罗方法应用于大坝安全监控指标拟定中,既结合了大坝原型观测资料,也考虑了基本变量的随机性,较传统方法更加合理科学。虞鸿等[28]将能够拟合寿命和强度等随机现象的威布分布应用于大坝变形监控指标的拟定中,在一定程度上体现了大坝的工作状态。郑东健等[29]和金秋等[30]用典型监测效应量的小概率法和极限状态法拟定了古田溪一级大坝水平位移监控指标,建议用极限状态法和典型监测效应量的小概率法分别确定下游水平位移的最大值和最小值。陈红等[31-32]分别用数理统计法和极限状态法研究了古田溪二级大坝水平位移监控指标。朱济祥[33]、刘健等[34-35]用结构分析法提出了李家峡拱坝一、二、三级监控指标。包腾飞等[36]基于监测资料和有限元分析成果,用典型监测效应量的小概率法和极限状态法拟定了新安江典型坝段坝顶水平位移监控指标。仲琳等[37]利用典型监测效应量的小概率法和极限状态法的混合模型法拟定了水口水电站大坝水平位移的一级安全监控指标,通过比较确定极限状态法的混合模型法更优。刘贝贝等[38-39]采用置信区间法、典型监测效应量的小概率法和极限状态法拟定棉花滩大坝典型坝段坝顶水平位移的安全监控指标,比较了各种方法的拟定结果。汤丽慧[40]采用置信区间法和极限状态法拟定了碾压混凝土坝的位移监控指标。吴昭和何勇军[41]阐述了拟定安全监控指标的重要意义,总结了混凝土坝监控指标研究现状,论述了安全监控指标的定义和常用的监控指标及其拟定方法,指出了当前研究中存在的一些问题。顾冲时等[42]评述了高混凝土坝坝体混凝土徐变特性、坝基岩体蠕变特性等计算分析,以及高混凝土坝长期变形安全监控与预警等的模型、方法及研究现状。认为今后应加强对多因素协同作用下混凝土坝结构性能演变、多场耦合作用下结构长期变形性态、补强加固措施提升性能等方面的研究,以确保高混凝土坝长效服役的安全性。李步娟等[43]对重力坝在运行期间变形极限监控指标的表达公式、计算方法等作了有益的探讨。刘必秀等[44]分析了丹江口大坝 31 号坝段典型测点的位移实测数据,结合有限元计算,探讨了该坝段的变形监控指标。将大坝变形监控指标分为一般警戒值、特别警戒值和危险值三级,并分别用置信区间法、典型监测量的分量挑选法和平面弹塑性有限元法为丹江口大坝 31 号坝段拟定了具体数值。李磊[45]从水压分量、温度分量、时效分量三个方面对混凝土坝变形过程进行监控,采用有限元法和典型小概率法拟定位移监控指标。

目前重力坝设计准则主要采用稳定准则和强度准则,其变形监控指标只能借助稳定、强度或开裂的控制条件求之。用于计算混凝土重力坝内力、应力等工作性态的常用方法有两种,一种是材料力学法,另一种是有限元数值法。有限元数值法尚缺乏规范明确规定的强度、稳定控制条件,故现行重力坝设计规范中规定的坝体应力分析法仍以材料力学法作为基本方法,并规定有配套的安全系数。方朝阳等[46]用材料力学法计算变形荷载分量、温度分量,并建立变形监控模型。根据现行混凝土重力坝设计规范中对大坝强度和稳定控制的条件,拟定变形监控指标。它与坝体变形和应力、稳定计算方法一致,对混凝土重力坝安全监控具有广泛的通用性。

钱镜林等[47]采用小波变换与特征根分析研究大坝变形监控指标。认为大坝是一个时变系统,将大坝观测资料按一定规律分成若干时段,分时段计算表征系统状态的特征值,最后得到特征值的变化趋势,从而判断大坝本身的状态安全与否。李民等[48]根据荷载的可能不利组合计算出相应的坝体变形上、下限值,进而提出坝体变形的监控指标。沈振中等[49]用非连续变形分析方法和强度折减法,根据重力坝的整体抗滑稳定确定重力坝的变形预警指标。聂俊[50]根据遗传算法得到位移监控模型,通过置信区间法拟定了隔河岩重力拱坝的径向位移监控指标。孙学智[51]建立了黄坛口混凝土重力坝主要观测量的数理统计模型和典型坝段水平位移混合模型等,通过对各数学模型的分析和参数反演,综合考虑水位温度,采用改进小概率法拟定了典型坝段水平位移的监控指标。唐波[52]针对长诏水库大坝的原型观测资料建立了混合模型,拟定了该坝 4 号坝段位移监控指标。谷明晗[53]分别应用典型小概率法和混合法对在役混凝土重力坝的位移监控指标进行了拟定,对比了两种方法的计算结果,得到了不同方法对应的适用范围。彭圣军[54]以某在役混凝土重力坝为例,在分析其水平位移变化规律的基础上,构建了该坝位移统计模型、混合模型及考虑残差混沌因子的混沌混合模型,结合其典型坝段位移监测资料及正反分析成果,拟定了该坝变位预警指标,为评判大坝安全状态提供了理论依据。魏德荣[55]论述了大坝安全监控指标的含义、制定安全监控指标的意义、制定安全监控指标的基本原则、制定大坝施工阶段和首次蓄水阶段以及运行阶段安全监控指标的方法。文锋[2]提出了在坝体温度资料不完整的情况下建立混凝土拱坝一维多测点位移监控确定性模型的方法,并将该方法应用于清江隔河岩拱坝位移确定性监控模型和监控指标的建立实例中。将沿清江隔河岩大坝拱冠梁的垂线建立起该坝段径向水平位移的一维多测点模型位移监控模型,以反映各个测点位移之间的相互联系,同时在建立的一维位移确定性模型基础上,通过置信区间法给出了该坝段的一维位移监控指标方程。张云龙和王文明[56]针对大坝观测数据的模糊性和随机性问题,引入投影寻踪法(PPA)及云模型(CM)理论,提出了基于 PPA-CM 模型的大坝变形监控指标拟定方法。模型采用投影寻踪法确定大坝各变形测点权重,运用信息熵理论构建多测点变形熵,基于云模型理论计算多测点变形熵的数字特征值,并依据云模型的 3En 规则,拟定了大坝变形测点的监控指标。结合实例,通过与小概率法结果对比分析,表明该方法合理和可行。Lei 等[57]基于变形熵理论采用小概率法计算高混凝土坝空间变形预警指标。Su 等[58]提出了一种基于大坝原型观测资料和大坝结构数值模拟确定拱坝变形预警指标的方法。

4.4 碾压混凝土坝变形监控指标研究进展

碾压混凝土筑坝技术是 20 世纪 70 年代兴起的一种新型筑坝方法,因其施工速度快、节约水泥、简化温控、造价低廉的特点得到迅速发展。碾压混凝土坝是逐层铺筑、逐层碾压而成的,层与层之间的结合面是坝体的薄弱面,强度低、透水性强,其力学性能与常规混凝土坝相比有明显的差异。因此,在监控大坝运行安全时不能简单地将常规混凝土坝的安全监控理论应用到碾压混凝土坝中,而应考虑碾压混凝土坝的结构特点。吴相豪和吴中如[59]结合沙牌碾压混凝土拱坝,详细讨论了碾压混凝土坝变形一级监控指标的拟定方法。混凝土坝处于一级监控状态时,大坝及基岩一般呈黏弹性工作状态,存在着随时间变化的不可逆变形,即时效变形,时效变形是分析和评价大坝安全状况的重要依据之一。为此,拟定坝体变形监控指标时,分两步进行。首先根据坝基开挖、浇筑、蓄水过程,用黏弹性有限元数值分析法计算坝体在自重、水压荷载作用下的时效位移分量 δe;其次,考虑渗流场与应力场的耦合因素,用弹性有限元数值分析法计算坝体在水荷载、温度荷载等作用下的弹性位移分量 $\delta \theta$,据此拟定坝体变形一级监

控指标 $\delta m = \delta e + \delta \theta \pm \Delta$，其中 Δ 为垂线的允许中误差，其值为 0.1 mm。后来，吴相豪[60]引用岩石裂隙渗流场与应力场四自由度全耦合机理及弹塑性有限单元法，讨论了碾压混凝土坝变形二级监控指标的拟定方法。陈龙等[61]利用上包络典型监测效应量的小概率法确定水平位移的监控指标，并定义和研究了碾压混凝土坝的模糊监控指标和随机监控指标。蒋清华等[62]依据碗窑碾压混凝土重力坝变形观测资料，通过变形规律时空分析和统计模型的建立以及影响因子的分解，合理地解释了碗窑碾压混凝土重力坝变形成因。通过建立有限元力学模型和混合模型，拟定了典型坝段坝顶水平位移的一级监控指标。仲琳[63]研究了碾压混凝土坝渗流和变形安全监控模型，且应用于水东碾压混凝土坝运行期坝体渗流量和变形混合监控，并对碾压层层面性态进行了模糊综合评判。郭海庆等[64]根据碾压混凝土坝的具体情况，用薄层单元模拟碾压混凝土坝体的施工层面，采用应力场与渗流场耦合的黏弹性有限元分析方法拟定碾压混凝土坝的变形监控指标。肖磊等[65]以高寒地区某碾压混凝土重力坝的挡水坝段为例，引入改进的快速 Myriad 滤波法对大坝变形监测数据进行预处理，分别采用最大熵法和云模型法拟定大坝运行期变形监控指标，探讨了异常概率和云模型弱外围元素与定性概念贡献率之间的关系。Huang 和 Wan[66]基于正交试验法采用小概率和最大熵法确定高山区碾压混凝土重力坝黏弹性变形监控指标。由于考虑了更多随机因素，因此采用正交试验法获得的变形监控指标更精确。

参考文献

[1] 王德厚. 大坝安全与监测[J]. 水利电力科技，2006，32(1)：1-9.

[2] 文锋. 混凝土拱坝位移监控模型及监控指标研究[D]. 武汉：长江科学院，2008.

[3] MA M, SHEN Z, TU X. Study on deformation early warning index of concrete gravity dam [C]// 11th biennial ASCE aerospace division international conference on engineering, science, construction and operations in challenging environments. 2008.

[4] LIU J, WANG G, CHEN Y. Research and application of GA neural network model on dam displacement forecasting[C]// 11th biennial asce aerospace division international conference on engineering, science, construction, and operations in challenging environments. 2008.

[5] 宋恩来. 混凝土运行期渗流监控指标的探讨[J]. 大坝与安全，2010(4)：18-23.

［6］ BAO T F, WU Z R, GU C S, et al. A model for dam health monitoring[C]// 11th biennial asce aerospace division international conference on engineering, science, construction, and operations in challenging environments. 2008.

［7］ 李占超,侯会静.大坝安全监控指标理论及方法分析[J].水力发电,2010,36 (5)：64-67.

［8］ 范庆来.大坝监测资料分析与安全指标拟定的研究[D].杭州:浙江大学,2004.

［9］ 张萍.高拱坝蓄水期变形安全监控指标的研究[D].南京:河海大学,2008.

［10］ 顾冲时,吴中如.大坝与坝基安全监控理论和方法及其应用[M].南京:河海大学出版社,2006.

［11］ 杨杰,吴中如.大坝安全监控的国内外研究现状与发展[J].西安理工大学学报,2002,18(1)：26-30.

［12］ 吴中如,卢有清.利用原型观测资料反馈大坝的安全监控指标[J].河海大学学报,1989,17(6)：29-36.

［13］ 顾冲时,吴中如,阳武.用结构分析法拟定大坝变形二级监控指标[J].大坝监测与土工测试,1999,23(1)：21-23.

［14］ 顾冲时,吴中如,阳武.用结构分析法拟定混凝土坝变形三级监控指标[J].河海大学学报(自然科学版),2000,28(5)：7-10.

［15］ 吴中如,顾冲时,沈振中,等.大坝安全综合分析和评价的理论、方法及应用[J].水利水电科技进展,1998,18(3)：2-6.

［16］ 朱劭宇.飞来峡18号坝段坝顶水平位移安全监控指标拟定[J].中国农村水利水电,2006(9)：91-93.

［17］ 孙学智,范景春,张殿双.黄坛口重力坝12号坝段水平位移监控指标拟定[J].东北水利水电,2001,19(12)：5-7.

［18］ 刘成栋,马福恒,向衍.碗窑大坝变形成因分析及监控指标拟定[C]// 长江三峡全国大坝安全监测技术信息网2006年监测技术信息交流会,2006.

［19］ 陈红梅,郑东健,娄一青.渗漏量监控指标的拟定方法[J].水利水电科技进展,2008,28(2)：56-58.

［20］ 叶梦.古田溪一级大坝水平位移监控指标的拟定[J].水利科技与经济,2007,13(11)：787-789.

［20］ 丛培江,顾冲时,谷艳昌.大坝安全监控指标拟定的最大熵法[J].武汉大学学报(信息科学版),2008,33(11)：1126-1129.

［22］ 俞进萍,段亚辉,艾立双.基于强度储备法的混凝土坝位移监控指标研究[J].长江科学院院报,2014,31(12)：49-53.

[23] 雷鹏,肖峰,苏怀智.考虑区间影响因素的混凝土坝变形监控指标研究[J].水利水电技术,2011,42(6):91-93,97.

[24] 黄勇.基于融合权重-POT 的拱坝变形监控模型[J].人民黄河,2018,40(1):145-149.

[25] 雷鹏,常晓林,肖峰,等.高混凝土坝空间变形预警指标研究[J].中国科学:技术科学,2011,41(7):992-999.

[26] 孙鹏明,杨建慧,杨启功,等.大坝空间变形监控指标的拟定[J].水利水运工程学报,2016(6):16-22.

[27] 谷艳昌,何鲜峰,郑东健.基于蒙特卡罗方法的高拱坝变形监控指标拟定[J].水利水运工程学报,2008(1):14-19.

[28] 虞鸿,李波,蒋裕丰.基于威布分布的大坝变形监控指标研究[J].水力发电,2009,35(6):90-93.

[29] 郑东健,郭海庆,顾冲时,等.古田溪一级大坝水平位移监控指标的拟定[J].水电能源科学,2000(1):16-18.

[30] 金秋,刘贝贝,张磊.古田溪大坝典型坝段水平位移监控指标的拟定[J].人民黄河,2010,32(2):122-123.

[31] 陈红,顾冲时,吴中如.古田溪二级大坝水平位移一级监控指标研究[J].红水河,2003,22(2):70-72.

[32] 陈红,顾冲时.古田溪二级大坝水平位移监控模型的研究[J].水电能源科学,2003,21(2):13-15.

[33] 朱济祥.李家坝高拱坝安全监控模型与监控指标研究[D].天津:天津大学,2007.

[34] 刘健,练继建,朱济祥.李家峡拱坝二级安全监控指标研究[J].水力发电学报,2005,24(4):94-98.

[35] 刘健,王广月,程森.李家峡拱坝变形三级安全监控指标的拟定[J].山东大学学报(工学版),2005,35(2):107-110.

[36] 包腾飞,郑东健,郭海庆.新安江大坝典型坝段坝顶水平位移监控指标的拟定[J].水利水电技术,2003,34(3):46-49.

[37] 仲琳,郑东健,鞠石泉.水口水电站坝顶水平位移监控指标的拟定[J].水电能源科学,2003,22(3):13-15.

[38] 刘贝贝,郑付刚,张岚.棉花滩大坝水平位移监控指标的拟定[J].红水河,2003,28(5):97-102.

[39] 金怡,赵二峰,刘贝贝.大坝水平位移监控指标的拟定研究[J].三峡大学学报

（自然科学版），2009，31(5)：11-14.

[40] 汤丽慧.碾压混凝土坝安全监控指标的拟定方法研究[D].南京：河海大学，2008.

[41] 吴昭，何勇军.混凝土坝安全监测指标进展[J].西北水电，2011(S1)：41-44.

[42] 顾冲时，苏怀智，王少伟.高混凝土坝长期变形特性计算模型及监控方法研究进展[J].水力发电学报，2016，35(5)：1-14.

[43] 李步娟，沈淑英，张晓林.混凝土重力坝变形极限监控指标的探讨[J].大坝观测与土工测试，1997，21(2)：4-8.

[44] 刘必秀，李步娟，张晓林.丹江口大坝31号坝段变形监控指标的探讨[J].人民长江，1994，25(5)：24-29.

[45] 李磊.混凝土坝变形过程及监控指标研究[J].水利科技与经济，2015，21(11)：106-107.

[46] 方朝阳，李步娟，张晓林.材料力学法在重力坝安全监控中的应用[J].大坝与安全，2002(6)：19-22.

[47] 钱镜林，李富强，张晔.大坝变形监控指标的小波变换与特征根分析研究[J].土木工程学报，2009，42(6)：140-144.

[48] 李民，李珍照，薛桂玉，等.根据荷载的可能不利组合确定坝体变形的监控指标[J].水电站设计，1997，13(4)：7-11.

[49] 沈振中，马明，涂晓霞.基于非连续变形分析的重力坝变形预警指标[J].水利学报，2007(S1)：94-99.

[50] 聂俊.基于遗传算法的混凝土拱坝安全监控模型的研究与应用[D].武汉：长江科学院，2011.

[51] 孙学智.混凝土重力坝监测效应量数学模型及变形监控指标研究[D].南京：河海大学，2002.

[52] 唐波.混凝土浆砌块石重力坝的反演分析、坝基稳定和安全监控研究[D].南京：河海大学，2005.

[53] 谷明晗.混凝土坝变位性能演化状态识别与监控方法研究[D].南昌：南昌大学，2018.

[54] 彭圣军.混凝土坝安全监控模型数值优化及变位预警指标研究[D].南昌：南昌大学，2014.

[55] 魏德荣.大坝安全监控指标的制定大坝与安全[J].大坝与安全，2003(6)：24-28.

[56] 张云龙，王文明.PPA-CM模型在双曲混凝土拱坝变形监控指标拟定中的应用

[J].水电能源科学,2016,34(4):43-46.

[57] LEI P, CHANG X L, XIAO F, et al. Study on early warning index of spatial deformation for high concrete dam[J]. Science China: technological sciences, 2011, 54(6): 1607-1614.

[58] SU H Z, YAN X Q, LIU H P, et al. Integrated multi-level control value and variation trend early-warning approach for deformation safety of arch dam [J]. Water resour manage, 2017, 31(6):2025-2045.

[59] 吴相豪,吴中如.碾压混凝土坝变形一级监控指标的拟定方法[J].水利水电技术,2004,35(9):136-138.

[60] 吴相豪.探讨碾压混凝土坝变形二级监控指标的拟定方法[J].水电能源科学,2005,23(5):64-66.

[60] 陈龙.碾压混凝土坝空间渐变力学特性及安全监控模型研究[D].南京:河海大学,2006.

[62] 蒋清华,马福恒,刘成栋.碗窑碾压混凝土坝变形成因分析及监控指标的拟定[J].中国安全科学学报,2007,17(4):172-176.

[63] 仲琳.碾压混凝土坝安全监控模型及其应用研究[D].南京:河海大学,2005.

[64] 郭海庆,吴相豪,吴中如,等.应用两场耦合的黏弹性有限元拟定碾压混凝土坝的变形监控指标[J].工程力学,2001(S1):852-856.

[65] 肖磊,万智勇,黄耀英,等.基于最大熵和云模型的 RCC 坝变形监控指标拟定[J].水利水运工程学报,2018(4):24-29.

[66] Huang Y Y, Wan Z Y. Study on viscoelastic deformation monitoring index of an rcc gravity dam in an alpine region using orthogonal test design [J]. Mathematical problems in engineering, 2018(5):.1-12.

5 温度场-渗流场-应力场耦合数学模型

5.1 渗流-应力-温度三场耦合机理

5.1.1 渗流-应力-温度三场之间的相互作用

多物理场耦合是指在固体多孔介质中渗流场、应力场和温度场三者之间的相互影响。热流固耦合是在流固耦合理论的基础上,引入温度项,研究温度场变化对骨架结构变形和渗流的影响。热流固耦合将经典的渗流力学、结构力学与热传导理论相结合,用于研究孔隙介质内部流体流动、介质固体骨架变形与温度变化之间的相互关系。微观上的热流固耦合效应通过多孔介质内部流体与固体骨架间的相界面上的相互作用反映出来,但由于孔隙结构的小尺度性,孔隙的大小、形状、方向是无规律的,使得多孔介质内部孔隙结构非常复杂,因此一般情况下采用等效连续介质的方法处理多孔介质热流固耦合问题。基于质量守恒定律、线动量平衡原理和能量守恒定律,结合本构方程和物性方程即可推导出三场耦合控制方程组:固体变形方程、渗流方程和温度场方程。固体介质中渗流场、应力场和温度场三者之间的相互影响,其相互作用规律如图 5.1.1 所示[1]。

（1）温度场对应力场的影响主要体现在固体内温度的改变影响固体固有的物理力学性质,同时温度效应产生的热应力会导致原有应力场分布的改变。

（2）应力场对温度场的影响主要表现在应力场变化引起固体结构改变时的变形生

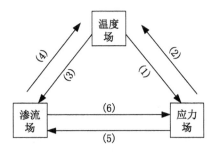

图 5.1.1 多物理场耦合机理

热,同时固体的结构变形会影响孔隙内部的导热性能(热动力弥散系数)。

(3)温度场对渗流场的影响主要表现为固体内温度的变化对渗流物理特性(如密度、黏度等)的影响,同时也影响多孔介质的有效孔隙率,间接地影响固体内流体流动。

(4)渗流场对温度场的影响表现为由于温度梯度的存在而产生热流从温度高的部位向温度低的部位运动(称为热传导)。与此同时渗流场加入,水在渗流过程中与固体发生热交换,伴随水的渗透,热量进行相应的运移和传递,这一过程为热对流,此时固体中原有平衡状态的温度场发生破坏,最终在热对流和热传导的综合影响下达到平衡。

(5)从应力场变化对渗流场的影响机制来说,应力场通过改变固体内部骨架的空间结构,进而影响固体的整体渗透性。因此应力场对于渗流场的影响主要体现为固体渗透性能的改变,一般通过渗透系数或者储水系数来表征。

(6)固体中渗流场对应力场的影响主要表现为流体对固体骨架结构的物理、化学作用和孔隙水压的力学作用。其中水的力学作用就是将水的渗透力作为机械力,表现形式静水压力、动水压力及摩阻黏滞力,静水压力通常以有效应力的形式导致固体结构的渗透变形。

5.1.2 耦合温度及应力影响的渗流场模型

同时考虑水头梯度及温度梯度的影响时,渗透水流通量(渗流速度)包括两部分,一部分为水头梯度引起的水流运动,另一部分为温度梯度引起的水流运动。一维渗流情况下,渗流速度的表达式为[2]:

$$v_x = -K\frac{dH}{dx} - D_T\frac{dT}{dx} \tag{5.1.1}$$

式中:v_x 为沿一维坐标轴 x 方向的渗流速度;H 为渗透水头;T 为温度;D_T 为温差作用的水流扩散率;K 为渗透系数。

K 既是渗透系数,又是应力的函数,常用的经验关系式为[3]:

$$K = K_0(T)e^{-\alpha(\sigma - \gamma H)} \tag{5.1.2}$$

式中:K 和 K_0 分别为应力为 σ 和 $\sigma = \gamma H$ 时的渗透系数,同时也是温度的函数;γH 为渗透静水压力;α 为常数,由试验确定。

将式(5.1.1)及式(5.1.2)代入一维渗流的连续性方程 $\dfrac{dv_x}{dx} = 0$,可得下式:

$$\frac{d}{dx}\left[K_0(T)e^{-\alpha(\sigma-\gamma H)}\frac{dH}{dx}\right]+D_T\frac{d^2T}{dH^2}=0 \qquad (5.1.3)$$

式(5.1.3)即为同时考虑温度及应力影响的一维渗流基本方程式,推广到三维情况如下:

$$\frac{d}{dx}\left[K_{0x}(T)e^{-\alpha(\sigma-\gamma H)}\frac{dH}{dx}\right]+\frac{d}{dy}\left[K_{0y}(T)e^{-\alpha(\sigma-\gamma H)}\frac{dH}{dy}\right]$$
$$+\frac{d}{dz}\left[K_{0z}(T)e^{-\alpha(\sigma-\gamma H)}\frac{dH}{dz}\right]+D_T(\frac{d^2T}{dx^2}+\frac{d^2T}{dy^2}+\frac{d^2T}{dz^2})=0 \qquad (5.1.4)$$

上式即为耦合温度及应力影响的三维渗流场控制方程式,结合一定的定解条件组成三维渗流场模型。

5.1.3 耦合渗流及温度影响的应力场模型

考虑渗透水流对固相的力学作用、温度引起的热应变(力)及与温度有关的岩体固相力学特性变化,小应变条件下可得耦合渗流及温度影响的应力场模型如下[4]:

$$\begin{cases}\sigma_{ji,j}+f_i=0 & (x,y,z)\in\Omega \\ \varepsilon_{ij}=\dfrac{1}{2}(u_{i,j}+u_{j,i}) & (x,y,z)\in\Omega \\ \sigma_{ij}=\lambda\varepsilon_{kk}\delta_{ij}+2G\varepsilon_{ij} & (x,y,z)\in\Omega \\ \sigma_{ij}n_j=\bar{t}_i(H) & (x,y,z)\in S_\sigma \\ u_i=\bar{u}_i & (x,y,z)\in S_u\end{cases} \qquad (i,j=1,2,3)(5.1.5)$$

式中:域 Ω 为包括渗流自由面以上坝体的整个区域;σ_{ij} 为应力张量场;ε_{ij} 为应变张量场;u_i 为位移场;f_i 为体力,与渗流场和温度场有关;ε_{kk} 为体积应变;λ、G 为弹性常数,是温度的函数;δ_{ij} 为 Kronecker 符号;S_σ 为已知面力边界;n_j 为其法线方向余弦;$\bar{t}_i(H)$ 为其上已知面力分布,是渗流场水头分布 $H(x,y,z)$ 和温度分布 $T(x,y,z)$ 的函数;S_u 为已知位移边界;$\bar{u}_i$ 为其上已知位移分布。

5.1.4 耦合渗流及应力影响的温度场模型

考虑固相力学变形引起热力学特性变化和渗透水流的热对流及其与固相的热交换,可得耦合渗流及应力影响的温度场控制方程式如下[5]:

$$\frac{\partial}{\partial x}\left[\lambda_x(\sigma)\frac{\partial T}{\partial x}\right]+\frac{\partial}{\partial y}\left[\lambda_y(\sigma)\frac{\partial T}{\partial y}\right]+\frac{\partial}{\partial z}\left[\lambda_z(\sigma)\frac{\partial T}{\partial z}\right]-$$

$$c_w(\sigma)\rho_w(\sigma)\left\{\frac{\partial[v_x(H)T]}{\partial x}+\frac{\partial[v_y(H)T]}{\partial y}+\frac{\partial[v_z(H)T]}{\partial z}\right\}+Q_T=$$

$$c(\sigma)\rho(\sigma)\frac{\partial T}{\partial t}$$

$$(5.1.6)$$

式中:c,ρ,λ分别为岩体的比热、密度和导热系数,是应力的函数;c_w,ρ_w分别为水的比热和密度,是应力的函数;v_x,v_y,v_z分别为渗流速度的三个分量,是水头的函数;Q_T为热量的源(汇)项。式(5.1.6)结合一定的定解条件组成三维温度场模型。

5.1.5 三场耦合模型及其数值解法

耦合式(5.1.4)至式(5.1.6),并结合具体问题的特定渗流、应力、温度定解条件,即得渗流-应力-温度三场耦合的连续介质模型。可以看出,三场耦合模型实际上是强非线性的多未知函数偏微分方程组问题,一般情况下不可能求得其解析解。因此,进行三场耦合模型的数值求解无疑具有重要的工程现实意义。

由于式(5.1.4)至式(5.1.6)所示的三场耦合模型中,渗流、应力与温度之间呈"强耦合"关系,需采用三场迭代法进行数值求解,即以渗流、应力与温度的耦合关系为"桥梁",分别进行渗流场、应力场和温度场的相互迭代运算[例如,先根据应力场和温度场的定解条件假定应力场和温度场分布,依据式(5.1.4)求解渗流场分布;然后由所求渗流场和假定温度场分布依据式(5.1.5)求解应力场分布;再由所求渗流场和应力场分布依据式(5.1.6)求解温度场分布;如此反复迭代],直至收敛(即相邻两次迭代循环之间,所求渗流场、应力场与温度场的分布的最大差额均在要求精度之内);从而得到特定具体问题三场耦合作用下的渗流场、应力场与温度场解答,来更客观地反映工程岩体的本质属性。

5.2 流-固-热三场全耦合数学模型

多孔介质中的流-固-热多场耦合问题非常复杂,数值求解具有很高的难度。求解多场耦合问题时多采用交叉迭代求解。耦合问题求解有 3 种基本算法:单向耦合算法、松散耦合算法和全耦合算法。对于单向耦合算法,即 2 组独立的方程在同一时间步内分开求解,求解时只是将其中的一个物理过程的计算结果作为另一个物理过程的输入,这种传递只是单向的。例如:由流动方程解出的孔隙压力作为荷载传给力学计算来求解应力和位移。

对于松散耦合算法,两组方程独立求解(和单向耦合算法一样),但是有关信息在指定的时间步内在两个求解器之间双向传递。这一算法的优点是相对容易实现,而且还能反映较复杂的非线性物理过程。对于全耦合算法,需要推导出统一的一组全耦合方程组(通常是一个大型的非线性全耦合的偏微分方程组),这里面融合了所有的相关物理过程。求解多物理耦合问题应该首选全耦合算法,因为在理论上它能给出最真实的结果。

5.2.1 流动方程

流体流动时质量平衡方程的欧拉形式如下:

$$\frac{\partial(\varphi\rho_l)}{\partial t} + \nabla\,\varphi\rho_l V_l = Q \qquad (5.2.1)$$

式中:φ 为孔隙率;ρ_l 为流体的密度;t 为时间;V_l 为流体速度矢量;Q 为流体的源汇项。

根据流体流动的动量方程可得 Darcy 定律:

$$V_l = -\frac{k}{\mu_l}(\nabla P - \rho_l g) \qquad (5.2.2)$$

式中:μ_l 为流体的动力黏滞系数;k 为孔隙介质的渗透率;P 为孔隙压力;g 为重力加速度矢量。

将式(5.2.2)代入式(5.2.1),并加上固体骨架的变形项,经过一系列推导可得:

$$\frac{\rho_l}{\rho_0}\frac{\partial \varepsilon_v}{\partial t} + \varphi\beta_P\frac{\partial P}{\partial t} + \varphi\beta_t\frac{\partial T}{\partial t} - \nabla\left[\frac{\rho_l k}{\rho_0\mu_l}(\nabla P - \rho_l g)\right] = Q \qquad (5.2.3)$$

式中:ρ_0 为流体的参考密度;ε_v 为岩体的体积应变;T 为温度;β_t 为流体的热体积膨胀系数;β_P 为流体的压缩系数。

式(5.2.3)即为多孔热弹性介质中流动流体的控制方程的最后形式。式(5.2.3)等号左边的前 3 项分别表示由于应变、流体压力和温度所引起的流体体积的变化,等号左边的最后一项代表由压力梯度和重力作用而引起的流体流量。

5.2.2 能量守恒方程

固体骨架和流体共同存在于同一个体积空间,但它们具有不同的热动力学特性:如比热容和热传导系数等。因此,固体骨架和流体的能量守恒方程需要分别定义。固体骨架的能量守恒方程定义如下:

$$(1-\varphi)(\alpha_P)_s \frac{\partial T}{\partial t} = (1-\varphi)\nabla(K_s\nabla T) + (1-\varphi)q_s \qquad (5.2.4)$$

式中:$(\rho c_P)_s$ 为岩体骨架的热容;K_s 为岩体骨架的热传导张量;q_s 为岩体的热源强度。

对于流体,相应的能量守恒方程可定义如下:

$$\varphi(\alpha_P)_l \frac{\partial T}{\partial t} + (\alpha_P)_l(V_l \cdot \nabla)T = \varphi\nabla(K_l\nabla T) + \varphi q_l \qquad (5.2.5)$$

式中:$(\rho c_P)_l$、K_l 和 q_l 分别为流体的热容、热传导张量和热源强度。

对于单相流,假设固体和流体之间总是处于热平衡状态,这样将式(5.2.4)、式(5.2.5)迭加,并考虑到变形能,即可得到以下统一的能量守恒方程:

$$(\alpha_P)_t \frac{\partial T}{\partial t} + (1-\varphi)T_0\gamma\frac{\partial \varepsilon_v}{\partial t} + (\alpha_P)_l(V_l \cdot \nabla)T = \nabla \cdot (K_t \cdot \nabla T) + q_t$$

$$(5.2.6)$$

式中:$\gamma = (2\mu+3\lambda)\beta$,$\mu$ 和 λ 为拉梅常数,β 为各向同性固体的线性热膨胀系数;T_0 为无应力状态下的绝对温度;q_t 为充满了流体的多孔介质的热源汇项,$(\rho c_P)_t$ 和 K_t 分别为充满了流体的多孔介质的比热容和热传导系数,且 $(\alpha_P)_t = \varphi(\alpha_P)_l + (1-\varphi)(\alpha_P)_s$ 和 $K_t = \varphi K_l + (1-\varphi)K_s$。

5.2.3 力学平衡方程

假设固体为理想热弹性体,考虑流体的孔隙压力和热应力的本构关系如下:

$$\sigma_{ij} = 2\mu\varepsilon_{ij} + \lambda\delta_{ij}\delta_{kl}\varepsilon_{kl} - \gamma\delta_{ij}T - \alpha\delta_{ij}P \qquad (5.2.7)$$

式中:σ_{ij} 为应力分量;ε_{ij} 为应变分量;α 为 Biot 系数;δ_{ij} 为 Kronecker 函数。

将式(5.2.7)和应变位移关系代入静力平衡方程式,可以得到用位移表示的包含耦合项的修正的 Navier 平衡方程:

$$\mu u_{i,jj} + (\lambda/2)u_{j,ji} - \alpha P_{,i} - \gamma T_{,i} = F_i \qquad (5.2.8)$$

式中：F_i 为体积力分量。

式(5.2.3)、式(5.2.6)和式(5.2.8)一起完整地定义了岩体三场全耦合作用的数学模型[6]。施加一定的边界条件和初始条件，即可求解上述耦合控制方程组。

另外，渗透系数与应力之间的关系有很多表达式，平面条件下可采用以下关系：

$$\left. \begin{aligned} k &= k_0 e^{(-a_p \bar{\sigma}_v)} \\ \bar{\sigma}_v &= \frac{1}{2}(\sigma_1 + \sigma_2) \end{aligned} \right\} \qquad (5.2.9)$$

5.3 碾压混凝土坝渗流场与应力场耦合分析

碾压混凝土坝由于其施工快速、造价经济等优点得到飞速的发展，但由于大体积碾压混凝土坝都采用薄层浇筑，所以碾压混凝土坝主要存在碾压层（缝）面结合问题。实践证明，碾压混凝土层（缝）面往往是碾压混凝土坝的薄弱环节，也是坝体渗透的主要通道。正是由于这个原因，碾压混凝土坝渗流问题和土石坝及普通混凝土坝渗流问题有很大的不同。碾压混凝土坝层（缝）面渗流的存在，决定了碾压混凝土坝渗流具有非均匀性和定向性，而不同于连续介质渗流。碾压混凝土坝层（缝）面渗流对坝体应力的影响，也不同于连续介质渗流。由于层（缝）面的存在，目前对碾压混凝土坝坝体的渗流分析可归结为两大类方法：第一种方法是等效连续介质方法，即以渗流量等效原理为基础，将层（缝）面的渗透特性反映在坝体的综合渗透系数之中，因而坝体平行于层（缝）面方向的渗透系数远远大于垂直于层（缝）面方向的渗透系数。第二种方法是单独考虑层（缝）面的渗透性，采用各种模型模拟层（缝）面渗流，其中以裂隙流（满足立方定律）模型为代表。如考虑碾压混凝土坝层（缝）面渗流对坝体应力的影响，应采用第二种方法。

5.3.1 碾压混凝土坝层（缝）面渗流与坝体应力的耦合机理

由于碾压混凝土坝层（缝）面隙宽无法直接测量，因此可采用渗流量等效原理来推求碾压混凝土坝层（缝）面的等效隙宽，如下式所示：

$$b_0 = \left[\frac{12\mu(k - k_0)B}{\gamma} \right]^{\frac{1}{3}} \qquad (5.3.1)$$

式中:b_0 为层(缝)面等效隙宽;B 为碾压混凝土坝每层浇筑厚度;k_0 为碾压混凝土本体的渗透系数;k 为碾压混凝土坝平行于层(缝)面方向的综合渗透系数,可由压(抽)水试验确定;γ 和 μ 分别为水的容重和动力黏滞系数。

碾压混凝土坝层(缝)面渗流对坝体应力的影响,是通过渗透水流给层(缝)面裂隙壁施加法向渗透压力 p(面力)和切向拖曳力 t_w(面力)来作用的:

$$p = \gamma(H - z) \qquad (5.3.2)$$

$$t_w = \frac{b_0}{2}\gamma J_f \qquad (5.3.3)$$

式中:γ 为渗透流体的容重;H 为沿裂隙水头分布;z 为位置高度坐标;b_0 为层(缝)面隙宽(或等效隙宽);J_f 为渗流水力坡度。采用有限元数值方法计算时,可将渗透压力和拖力变换为节点等效力。

碾压混凝土坝体应力对层(缝)面渗流的影响,是通过坝体应力改变层(缝)面的隙宽来作用的。采用有限元数值方法计算时,可以用层(缝)面节理单元各节点的相位移计算层(缝)面隙宽(或等效隙宽)的变化。

5.3.2 碾压混凝土坝渗流场与应力场耦合分析的数学模型

由以上碾压混凝土坝层(缝)面渗流与坝体应力的耦合机理,可得应力场影响下的碾压混凝土坝三维渗流场数学模型为[7]:

$$
\begin{cases}
\dfrac{\partial}{\partial x}\left(K_x \dfrac{\partial H}{\partial x}\right) + \dfrac{\partial}{\partial y}\left(K_y \dfrac{\partial H}{\partial y}\right) + \dfrac{\partial}{\partial z}\left(K_z \dfrac{\partial H}{\partial z}\right) = 0 & (x,\,y,\,z) \in \Omega' \\
H(x,\,y,\,z) = H_1(x,\,y,\,z) & (x,\,y,\,z) \in \Gamma_1 \\
q(x,\,y,\,z) = q_2(x,\,y,\,z) & (x,\,y,\,z) \in \Gamma_2 \\
H(x,\,y,\,z) = z, \; q_3(x,\,y,\,z) = 0 & (x,\,y,\,z) \in \Gamma_3
\end{cases}
$$

$$\qquad (5.3.4)$$

式中:域 Ω' 为渗流自由面以下的坝体及坝基区域(即渗流区域);$H(x,\,y,\,z)$ 为渗流区域内水头分布;K_x、K_y 和 K_z 分别为 x、y 和 z 坐标轴方向的主渗透系数[包括实体和层(缝)面单元],层(缝)面单元的渗透系数由层(缝)面的等效隙宽及空间位置确定,因而也是应力的函数;Γ_1 为第一类边界,$H_1(x,\,y,\,z)$ 为其上水头分布;Γ_2 为第二类边界,$q_2(x,\,y,\,z)$ 为其上流量分布;Γ_3 为第三类(渗流自由面)边界,$q_3(x, y, z)$为其上流量分布。

渗流场影响下的碾压混凝土坝三维应力场数学模型为:

$$\begin{cases} \sigma_{ji,j} + f_i = 0 & (x, y, z) \in \Omega \\ \varepsilon_{ij} = \dfrac{1}{2}(u_{i,j} + u_{j,i}) & (x, y, z) \in \Omega \\ \sigma_{ij} = \lambda \varepsilon_{kk} \delta_{ij} + 2G\varepsilon_{ij} & (x, y, z) \in \Omega \\ \sigma_{ij} n_j = \bar{t}_i(H) & (x, y, z) \in S_\sigma \\ u_i = \bar{u}_i & (x, y, z) \in S_u \end{cases} \qquad (i, j = 1, 2, 3) \quad (5.3.5)$$

式中:域 Ω 为包括渗流自由面以上坝体的整个区域;σ_{ij} 为应力张量场;ε_{ij} 为应变张量场;u_i 为位移场;f_i 为体力;ε_{kk} 为体积应变;λ、G 为弹性常数;δ_{ij} 为克罗内克尔符号;S_σ 为已知面力边界;n_j 为其法线方向余弦;$\bar{t}_i(H)$ 为其上已知面力分布,是渗流场水头分布 $H(x, y, z)$ 的函数;S_u 为已知位移边界;$\bar{u}_i$ 为其上已知位移分布。

式(5.3.4)与式(5.3.5)联立构成了碾压混凝土坝三维渗流场与应力场耦合分析的数学模型。当运用有限元数值方法进行计算时,可采用迭代法求解。首先,按初始层(缝)面情况求解式(5.3.4)的渗流场模型,得出水头分布 $H(x, y, z)$;通过式(5.3.2)、式(5.3.3)将 $H(x, y, z)$ 代入式(5.3.5)求解应力场模型,得出位移场和应力场分布;然后用层(缝)面节理单元各节点的相对位移计算各个层(缝)面单元隙宽(或等效隙宽)的变化,再由修正后的层(缝)面情况求解式(5.3.3)的渗流场模型。如此反复迭代,可求出要求精度下的碾压混凝土坝渗流场与应力场解答。

5.4 三维有限元基本理论

在三维有限元计算中,如图 5.4.1(a)所示的正六面体单元具有精度较高、形状规则、便于计算自动化等优点,但是在遇到形状复杂的曲线边界或需要布置疏密不均的网格时,则难以实现。而图 5.4.1(b)所示的任意曲边单元,克服了上述不足,其网格划分不受边界形状限制,单元大小可以不相等,是一种精度高而且应用广泛的单元。然而直接对其进行单元分析是困难的,这是由于它的几何形状不规则,没有统一的形状,对各个单元逐个按不同公式计算,则其工作量过大而难以进行。为解决这一问题,采用坐标变换的方法,将一坐标系内的任意曲边单元转换为另一坐标系中的正六面体单元。而在有限单元法中,称这种正六面体单元为基本单元或母单元,将任意曲边单元视为基本单元的映像,称为实际单元或子单元。本书采用这种空间 8 节点等参单元[8]。

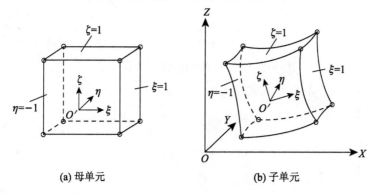

(a) 母单元   (b) 子单元

图 5.4.1　8 节点六面体单元

取如图 5.4.1 所示的 8 节点正六面体单元为母单元,建立原点在单元形心的局部坐标系 (ξ, η, ζ),通过坐标变换,可得到空间 8 节点等参元。坐标变换关系式如下:

$$\begin{cases} x = \displaystyle\sum_{i=1}^{8} N_i(\xi, \eta, \zeta) x_i \\[2mm] y = \displaystyle\sum_{i=1}^{8} N_i(\xi, \eta, \zeta) y_i \\[2mm] z = \displaystyle\sum_{i=1}^{8} N_i(\xi, \eta, \zeta) z_i \end{cases} \tag{5.4.1}$$

则单元的位移函数为:

$$\begin{cases} u = \displaystyle\sum_{i=1}^{8} N_i(\xi, \eta, \zeta) u_i \\[2mm] v = \displaystyle\sum_{i=1}^{8} N_i(\xi, \eta, \zeta) v_i \\[2mm] w = \displaystyle\sum_{i=1}^{8} N_i(\xi, \eta, \zeta) w_i \end{cases} \tag{5.4.2}$$

式中:u_i,v_i,w_i 和 x_i,y_i,z_i 分别为节点 i 的实际位移和坐标值。

单元位移函数用矩阵形式表示为:

$$\{\delta\} = \begin{Bmatrix} u \\ v \\ w \end{Bmatrix} = \sum_{i=1}^{8} \begin{bmatrix} N_i & 0 & 0 \\ 0 & N_i & 0 \\ 0 & 0 & N_i \end{bmatrix} \begin{Bmatrix} u_i \\ v_i \\ w_i \end{Bmatrix} = \sum_{i=1}^{8} [N_i]\{\delta_i\} = [N]\{\delta\}^e$$

(5.4.3)

式中：$\{\delta_i\} = [u_i \quad v_i \quad w_i]^T$ $(i=1,2,\cdots,8)$ 为节点位移列阵；$\{\delta\}^e = [\{\delta_1\} \quad \{\delta_2\} \quad \cdots \quad \{\delta_8\}]^T$ 为整个单元的节点位移列阵。

8 个节点统一的形函数表达式为：

$$\left. \begin{aligned} N_i &= \frac{1}{8}(1+\xi_0)(1+\eta_0)(1+\zeta_0) \\ \xi_0 &= \xi_i\xi, \quad \eta_0 = \eta_i\eta, \quad \zeta_0 = \zeta_i\zeta \end{aligned} \right\} \quad (i=1,2,\cdots,8)$$

(5.4.4)

式中：ξ_i、η_i、ζ_i 是节点 i 在局部坐标系(ξ, η, ζ)中的坐标。

形函数对局部坐标的导数：

$$\begin{cases} \dfrac{\partial N_i}{\partial \xi} = \dfrac{1}{8}\xi_i(1+\eta_i\eta)(1+\zeta_i\zeta) \\[2mm] \dfrac{\partial N_i}{\partial \eta} = \dfrac{1}{8}\eta_i(1+\xi_i\xi)(1+\zeta_i\zeta) \\[2mm] \dfrac{\partial N_i}{\partial \zeta} = \dfrac{1}{8}\zeta_i(1+\xi_i\xi)(1+\eta_i\eta) \end{cases}$$

(5.4.5)

空间问题的几何方程为：

$$\{\varepsilon\} = [B]\{\delta\}^e = \sum_{i=1}^{8} [B_i]\{\delta_i\}$$

(5.4.6)

式中：$[B]$和$\{\delta\}^e$分别为单元的几何矩阵和单元的节点位移列阵，其中单元的几何矩阵$[B]$为：

$$[B_i] = \begin{bmatrix} \dfrac{\partial N_i}{\partial x} & & \\[2mm] & \dfrac{\partial N_i}{\partial y} & \\[2mm] & & \dfrac{\partial N_i}{\partial z} \\[2mm] \dfrac{\partial N_i}{\partial y} & \dfrac{\partial N_i}{\partial x} & \\[2mm] & \dfrac{\partial N_i}{\partial z} & \dfrac{\partial N_i}{\partial y} \\[2mm] \dfrac{\partial N_i}{\partial z} & & \dfrac{\partial N_i}{\partial x} \end{bmatrix}$$

(5.4.7)

由复合函数求导可得：

$$\left\{\begin{array}{c} \dfrac{\partial N_i}{\partial x} \\[2mm] \dfrac{\partial N_i}{\partial y} \\[2mm] \dfrac{\partial N_i}{\partial z} \end{array}\right\} = [J]^{-1} \left\{\begin{array}{c} \dfrac{\partial N_i}{\partial \xi} \\[2mm] \dfrac{\partial N_i}{\partial \eta} \\[2mm] \dfrac{\partial N_i}{\partial \zeta} \end{array}\right\} \qquad (5.4.8)$$

矩阵$[J]$为坐标变换的三维雅可比矩阵：

$$[J] = \begin{bmatrix} \dfrac{\partial x}{\partial \xi} & \dfrac{\partial y}{\partial \xi} & \dfrac{\partial z}{\partial \xi} \\[3mm] \dfrac{\partial x}{\partial \eta} & \dfrac{\partial y}{\partial \eta} & \dfrac{\partial z}{\partial \eta} \\[3mm] \dfrac{\partial x}{\partial \zeta} & \dfrac{\partial y}{\partial \zeta} & \dfrac{\partial z}{\partial \zeta} \end{bmatrix} = \begin{bmatrix} \sum\limits_{i=1}^{8}\dfrac{\partial N_i}{\partial \xi}x_i & \sum\limits_{i=1}^{8}\dfrac{\partial N_i}{\partial \xi}y_i & \sum\limits_{i=1}^{8}\dfrac{\partial N_i}{\partial \xi}z_i \\[4mm] \sum\limits_{i=1}^{8}\dfrac{\partial N_i}{\partial \eta}x_i & \sum\limits_{i=1}^{8}\dfrac{\partial N_i}{\partial \eta}y_i & \sum\limits_{i=1}^{8}\dfrac{\partial N_i}{\partial \eta}z_i \\[4mm] \sum\limits_{i=1}^{8}\dfrac{\partial N_i}{\partial \zeta}x_i & \sum\limits_{i=1}^{8}\dfrac{\partial N_i}{\partial \zeta}y_i & \sum\limits_{i=1}^{8}\dfrac{\partial N_i}{\partial \zeta}z_i \end{bmatrix}$$

$$(5.4.9)$$

其逆矩阵$[J]^{-1}$,可按下式得到：

$$[J]^{-1} = \frac{1}{|J|}[J]^* \qquad (5.4.10)$$

空间问题的物理方程为：

$$\{\sigma\} = [D]\{\varepsilon\} = [D][B]\{\delta\}^e \qquad (5.4.11)$$

弹性矩阵$[D]$为：

$$[D] = \frac{E(1-\mu)}{(1+\mu)(1-\mu)} \begin{bmatrix} 1 & & & & & \\[2mm] \dfrac{\mu}{1-\mu} & 1 & & \text{对称} & & \\[3mm] \dfrac{\mu}{1-\mu} & \dfrac{\mu}{1-\mu} & 1 & & & \\[3mm] 0 & 0 & 0 & \dfrac{1-2\mu}{2(1-\mu)} & & \\[4mm] 0 & 0 & 0 & 0 & \dfrac{1-2\mu}{2(1-\mu)} & \\[4mm] 0 & 0 & 0 & 0 & 0 & \dfrac{1-2\mu}{2(1-\mu)} \end{bmatrix}$$

$$(5.4.12)$$

由最小势能原理可得作用于单元节点上的等效节点力为：

$$\{F\}^e = \iiint\limits_{V_e} [B]^T [D] [B] dV \cdot \{\delta\}^e = [K]^e \{\delta\}^e \tag{5.4.13}$$

单元刚度矩阵$[K]^e$为：

$$[K]^e = \iiint\limits_{V_e} [B]^T [D] [B] dx dy dz = \begin{bmatrix} k_{11} & k_{12} & k_{18} \\ k_{21} & k_{22} & k_{28} \\ & & \\ k_{81} & k_{82} & k_{88} \end{bmatrix} \tag{5.4.14}$$

式中：

$$[K]^e = \iiint\limits_{V_e} [B]^T [D] [B] dx dy dz = \int_{-1}^{1} \int_{-1}^{1} \int_{-1}^{1} [B]^T [D] [B] d\xi d\eta d\zeta \tag{5.4.15}$$

整个结构的平衡方程为：

$$[K]\{\delta\} = \{P\} \tag{5.4.16}$$

式中：$\{P\}$为外力作用于节点上的等效荷载，单元节点上的等效荷载计算如下。

(1) 若外力为体积力，则：

$$\{P\}_q^e = \iiint [N]^T \{q\} dx dy dz \tag{5.4.17}$$

(2) 若外力为分布面力，则：

$$\{P\}_p^e = \iint\limits_{s} [N]^T \{p\} ds \tag{5.4.18}$$

由式(5.4.16)求得节点位移后，代入式(5.4.11)可求得应力$\{\sigma\}$。

参考文献

[1] 柴军瑞. 岩体渗流-应力-温度三场耦合的连续介质模型[J]. 红水河，2003，22(2)：18-20.

[2] PHILIP J R. Evaporation, moisture and heat fields in the soil[J]. Journal of the atmospheric sciences, 1957, 14(4): 354-366.

［3］仵彦卿,张倬元.岩体水力学导论[M].成都:西南交通大学出版社,1994.

［4］OHNISHI Y, BAYASHI A, NISHIGAKI M.地下工程围岩的热力-水力-力学特性[C]//朱敬民,鲜学福,黄荣樽,译.岩石力学的进展——第六届国际岩石力学会议论文选集.重庆:重庆大学出版社,1990:72-77.

［5］柴军瑞,韩群柱.岩体渗流场与温度场耦合的连续介质模型[J].地下水,1997,19(2):59-62.

［6］盛金昌.多孔介质流-固-热三场全耦合数学模型及数值模拟[J].岩石力学与工程学报,2006,25(S1):3028-3033.

［7］柴军瑞.大坝及其周围地质体中渗流场与应力场耦合分析[D].西安:西安理工大学,2000.

［8］张健飞,秦忠国,姜弘道.有限单元法的程序设计[M].2版.北京:水利水电出版社,2018.

6 渗流场有限元分析的
计算原理与方法

6.1 渗流分析基本理论

6.1.1 渗流的基本概念

孔隙介质、裂隙介质和某些岩溶不十分发育的由石灰岩和白云岩组成的介质,在广义上都被称为多孔介质。由于多孔介质的大小以及形状都很复杂,流体介质质点在其中运动毫无规律,有些地方甚至不连续,所以研究这些流体的运动不能像研究地表流体那样研究流体质点的运动,而只能用统计的方法,忽略个别质点的运动,来研究具有平均性质的运动规律。

所谓统计方法,就是用和真实水流同属于同一流体的、充满整个介质(包括全部孔隙或者裂隙空间以及土或岩石颗粒骨架所占据的空间)的假想流体代替仅仅在多孔介质中运动着的真实流体,以通过对假象流体的研究,来达到了解真实流体平均运动规律的目的。这种假想流体应当具有以下一些性质:

(1) 它通过流体任意断面的流量和真实流体通过该断面的流量相同;

(2) 它在断面上的水头及压力与真实流体的水头和压力相等;

(3) 它在多孔介质中运动时所受的阻力等于真实流体所受的阻力。

满足这些条件的假想流体被称为渗流。把渗流所占据的空间称为渗流场,描述渗流的参数称为渗流运动要素,如水头、水力梯度、压强、渗流量和渗流速度等。在计算中,把这些渗流运动要素都看成是空间坐标 x、y、z 和时间 t 的连续函数。

根据渗流所处渗流场的不同,可将渗流分为饱和渗流和非饱和渗流。从地表面向下,地下水一般可分为饱和带和非饱和带。在非饱和带介质的孔隙中既有液相的水,也有水汽和其他气体,水的压力小于大气压力。非饱和带的下部是毛细带,在毛细带中介质的孔隙逐步被水饱和,但其中水的压力仍然小于大气压力,可视为非饱和带。水压力等于大气压力的界面为自由面,是饱和带和非饱和带的分界面。饱和带中水的压力大于大气压力。在非饱和带中的渗流被称为非饱和渗流,在饱和带中的渗流被称为饱和渗流。

根据水头、水力梯度、渗透流速等渗流运动要素的大小和方向是否随时间变化,可将渗流分为稳定渗流和非稳定渗流。一般认为前者运动要素仅随空间坐标变化,与时间无关;后者的运动要素同时随空间坐标和时间坐标的变化而变化。

实际上所有的渗流流动都是非稳定流,绝对的稳定流是不存在的;稳定流其实只是一种暂时的平衡状态。但是当运动要素随时间变化很小以致于能够忽略时,这样的渗流才能被看成稳定渗流。在地下水的渗流中,由于地下水位总是在不断变化着的,所以在多数情况下遇到的都是非稳定流;但当地下水位变化不大时,可以将非稳定渗流当作稳定渗流考虑。稳定渗流模型具有计算量小、简单的特点,在工程中有着广泛的运用。

按运动要素在空间的表现形式,可将渗流分为单向流、平面流和空间流,又被称为一维流、二维流和三维流。在所要研究的大坝渗流问题中,上下游水位通常是固定不变的,各渗流要素随时间变化很小可以忽略,因此其属于三维状态下的稳定渗流。

按照顶板是否存在着隔水层,地下水的渗流又可以分为承压水渗流和潜水渗流。承压水渗流,其含水层的水头高于它的顶板;潜水渗流,其顶部是水的自由表面,也就是潜水面,其压力等于大气压力。

6.1.2　渗流的基本方程

在渗流分析中,假定渗透水流为不可压缩的均质液体,并且仅考虑垂直方向上的压缩,通过一系列的推导可以得到可压缩介质渗流的连续性方程[1]:

$$\frac{\partial v_x}{\partial x} + \frac{\partial v_y}{\partial y} + \frac{\partial v_z}{\partial z} = \rho g (\alpha + \eta \beta) \frac{\partial H}{\partial t} \qquad (6.1.1)$$

式中:α 为多孔介质压缩系数;ρ 为渗透水流密度;β 为渗透水流的压缩系数;n 为多孔介质的孔隙度;v_x, v_y, v_z 为渗透水流在三个坐标轴方向的渗透速度;H 为总水头。

连续性方程是质量守恒定律在渗流分析中的具体运用,它表示渗透流体在渗透介质中的流动,其质量保持不变。它是研究地下水运动的基本方程,是渗流理论的基础。各种研究地下水运动的微分方程都是根据连续性方程和反映动量守恒定律的方程(达西定律)建立起来的。

根据达西定律,在非均质各向异性可压缩介质中有[2]:

$$\begin{cases} v_x = k_x \dfrac{\partial H}{\partial x} \\[2mm] v_y = k_y \dfrac{\partial H}{\partial y} \\[2mm] v_z = k_z \dfrac{\partial H}{\partial z} \end{cases} \qquad (6.1.2)$$

将式(6.1.2)代入渗流连续性方程式(6.1.1),可得:

$$\frac{\partial}{\partial x}\left(k_x \frac{\partial H}{\partial x}\right) + \frac{\partial}{\partial y}\left(k_y \frac{\partial H}{\partial y}\right) + \frac{\partial}{\partial z}\left(k_z \frac{\partial H}{\partial z}\right) = \rho g(\alpha + n\beta)\frac{\partial H}{\partial t} \qquad (6.1.3)$$

令 $\mu_s = \rho g(\alpha + n\beta)$ 为单位贮水量或者贮存率,则式(6.1.3)可以变为:

$$\frac{\partial}{\partial x}\left(k_x \frac{\partial H}{\partial x}\right) + \frac{\partial}{\partial y}\left(k_y \frac{\partial H}{\partial y}\right) + \frac{\partial}{\partial z}\left(k_z \frac{\partial H}{\partial z}\right) = \mu_s \frac{\partial H}{\partial t} \qquad (6.1.4)$$

当不考虑土体的压缩性或者单位贮存率(即 $\mu_s = 0$)时,上式转变为

$$\frac{\partial}{\partial x}\left(k_x \frac{\partial H}{\partial x}\right) + \frac{\partial}{\partial y}\left(k_y \frac{\partial H}{\partial y}\right) + \frac{\partial}{\partial z}\left(k_z \frac{\partial H}{\partial z}\right) = 0 \qquad (6.1.5)$$

这就是按各向异性和非均质多孔介质建立的三维稳定渗流模型。当渗透系数为常数,且为各向同性渗流场(即 $K = k_x = k_y = k_z$)时,则式(6.1.5)可以转变为拉普拉斯方程式:

$$\frac{\partial^2 H}{\partial x^2} + \frac{\partial^2 H}{\partial y^2} + \frac{\partial^2 H}{\partial z^2} = 0 \qquad (6.1.6)$$

若渗流存在源或者汇,则渗流的基本微分方程可以改写为[3]:

$$\frac{\partial}{\partial x}\left(k_x \frac{\partial H}{\partial x}\right) + \frac{\partial}{\partial y}\left(k_y \frac{\partial H}{\partial y}\right) + \frac{\partial}{\partial z}\left(k_z \frac{\partial H}{\partial z}\right) = Q \qquad (6.1.7)$$

或

$$\frac{\partial^2 H}{\partial x^2} + \frac{\partial^2 H}{\partial y^2} + \frac{\partial^2 H}{\partial z^2} = Q \qquad (6.1.8)$$

式中,Q 为源汇项。

若为二维的平面流,则式(6.1.4)、式(6.1.5)可以分别改写为:

$$\frac{\partial}{\partial x}\left(k_x \frac{\partial H}{\partial x}\right) + \frac{\partial}{\partial y}\left(k_y \frac{\partial H}{\partial y}\right) = \mu_s \frac{\partial H}{\partial t}$$

$$\frac{\partial}{\partial x}\left(k_x \frac{\partial H}{\partial x}\right) + \frac{\partial}{\partial y}\left(k_y \frac{\partial H}{\partial y}\right) = 0$$

$$(6.1.9)$$

6.2 渗流有限元方法计算理论

数学模型就是用一些方程式或者方程组来描述现实多孔介质中水运动的基本规律、内在特征以及外在条件对其运动的制约关系。

对于符合达西定律、非均质各向异性的土体,当坐标轴方向和渗透主轴一致时,其三维渗流问题可以归结为如下定解问题:

$$\frac{\partial}{\partial x}\left(k_x \frac{\partial H}{\partial x}\right) + \frac{\partial}{\partial y}\left(k_y \frac{\partial H}{\partial y}\right) + \frac{\partial}{\partial z}\left(k_z \frac{\partial H}{\partial z}\right) = \mu_s \frac{\partial H}{\partial t} \qquad (6.2.1)$$

初始条件:

$$H\mid_{t=0} = f_0(x, y, z, 0) \quad 在 \Omega 内 \qquad (6.2.2)$$

水头边界:

$$H\mid_{\Gamma_1} = f_1(x, y, z, t) \quad 在 \Gamma_1 上 \qquad (6.2.3)$$

流量边界:

$$k_n \frac{\partial H}{\partial n}\mid_{\Gamma_2} = f_2(x, y, z, t) \quad 在 \Gamma_2 上 \qquad (6.2.4)$$

式中:Ω 为计算渗流区域,即为边界曲线 Γ_1、Γ_2 所组成的研究区域;Γ_1、Γ_2 分别为已知水头值、流量值的边界曲线;n 为边界曲线 Γ_2 的法向方向;$f_0(x, y, z, 0)$ 为计算区域内各点初始水头值;$f_1(x, y, z, t)$ 为 Γ_1 上的已知水头值;$f_2(x, y, z, t)$ 为 Γ_2 上的已知流量。

若各向渗流分析都属于稳定问题,则其数学模型可以描述如下[4]:

$$\begin{cases} \dfrac{\partial}{\partial x}\left(k_x \dfrac{\partial H}{\partial x}\right) + \dfrac{\partial}{\partial y}\left(k_y \dfrac{\partial H}{\partial y}\right) + \dfrac{\partial}{\partial z}\left(k_z \dfrac{\partial H}{\partial z}\right) = 0 & 在 \Omega 内 \\[2mm] H\mid_{\Gamma_1} = f_1(x, y, z) & 在 \Gamma_1 上 \\[2mm] k_n \dfrac{\partial H}{\partial n}\mid_{\Gamma_1} = f_2(x, y, z) & 在 \Gamma_2 上 \end{cases} \qquad (6.2.5)$$

在运用有限元进行渗流分析时,对于计算区域进行有限单元划分,对于体单元来说,其单元体可以是四面体、五面体和六面体;以 8 节点六面体为基本体单元时,其上的水头分布取节点的等参单元形函数进行插值:

$$H(\xi, \eta, \zeta) = \sum_{i=1}^{m} N_i(\xi, \eta, \zeta) H_i \tag{6.2.6}$$

按变分原理,可得单元传导矩阵为:

$$[T^e] = \int_{-1}^{+1} \int_{-1}^{+1} \int_{-1}^{+1} [B^e][K]^e[B^e] |J| d\xi d\eta d\zeta \tag{6.2.7}$$

式中:ξ、η、ζ 为单元的局部坐标,m 为节点数,$|J|$ 为雅可比行列式,$[K]^e$ 为单元的三阶渗透系数张量。

$$[B^e] = \begin{bmatrix} \dfrac{\partial N_1}{\partial \xi} & \dfrac{\partial N_2}{\partial \xi} & \cdots & \dfrac{\partial N_m}{\partial \xi} \\[2mm] \dfrac{\partial N_1}{\partial \eta} & \dfrac{\partial N_2}{\partial \eta} & \cdots & \dfrac{\partial N_m}{\partial \eta} \\[2mm] \dfrac{\partial N_1}{\partial \zeta} & \dfrac{\partial N_2}{\partial \zeta} & \cdots & \dfrac{\partial N_m}{\partial \zeta} \end{bmatrix} \tag{6.2.8}$$

对于一些面单元结构,可以离散成面状的三角形或四边形单元,其水头分布可表示为形函数 $N_i(\xi, \eta)$ 的插值函数:

$$H(\xi, \eta) = \sum_{i=1}^{m} N_i(\xi, \eta) H_i \tag{6.2.9}$$

基本单元的传导矩阵为:

$$[T^e] = \int_{-1}^{+1} \int_{-1}^{+1} [B^e][K]^e[B^e] |J| d\xi d\eta \tag{6.2.10}$$

式中:ξ、η 为单元的局部坐标,$|J|$ 为雅可比行列式,$[K]^e$ 为单元的二阶渗透系数张量。

$$[B^e] = \begin{bmatrix} \dfrac{\partial N_1}{\partial \xi} & \dfrac{\partial N_2}{\partial \xi} & \cdots & \dfrac{\partial N_m}{\partial \xi} \\[2mm] \dfrac{\partial N_1}{\partial \eta} & \dfrac{\partial N_2}{\partial \eta} & \cdots & \dfrac{\partial N_m}{\partial \eta} \end{bmatrix} \tag{6.2.11}$$

在坝体的渗流分析中,对于排水孔系统,采用以管代孔法,将排水孔作为管单元,单元上的水头函数取为线单元形函数 $N_i(\xi)$ 的插值函数:

$$H(\xi) = \sum_{i=1}^{m} N_i(\xi) H_i \qquad (6.2.12)$$

线单元节点传导矩阵为:

$$[T^e] = \int_{-1}^{+1} [B^e][K]^e[B^e] |J| d\xi \qquad (6.2.13)$$

这样,由管单元、面单元、体单元构成了不同渗透结构的组合体,由此形成了描述多结构渗透的三维渗流数值模型[4]:

$$[T]\{H\} + \{Q\} = [E]\left\{\frac{dH}{dt}\right\} \qquad (6.2.14)$$

式中:$[T]$ 为渗透传导矩阵;$[E]$ 为贮水系数矩阵;$\{Q\}$ 为已知的源汇量;$\{H\}$ 为节点水头列向量。

6.3 碾压混凝土坝渗流特性

碾压混凝土坝独特的施工方法会形成特殊的成层结构,长期的科研结果表明用缝隙流层流"立方定律"来描述碾压混凝土坝层面渗流的特性较符合实际,这个理论不但得到不同国家广大渗流专家的认可,并且符合相关的试验结果。很明显,通过层面的渗流量和层面的等效水力隙宽的立方成正比,从理论角度考虑欲提高碾压混凝土的抗渗性首先要提高层面的胶结质量,减小层面的等效水力隙宽。

$$v = \frac{g d_f^2}{12\mu} I = k_f I \qquad (6.3.1)$$

$$q = V d_f = \frac{g d_f^3}{12\mu} I \qquad (6.3.2)$$

式中:v 为缝隙前平均流速;$g=981$ cm/s²,为重力加速度;d_f 为缝隙的水力等效隙宽(立方定律是在平行板光滑缝隙面层流中得到的);μ 为水的运动黏滞系数,在水温为 100℃ 时 $\mu \approx 0.013$ cm²/s,I 为沿缝隙切向的水力梯度;q 为缝隙单宽流量;$k_f = \frac{g d_f^2}{12\mu}$ 为缝隙的水力等效渗透系数。

上式适合于水力隙宽在几个 μm 时的渗流特性,结合达西定律和有关层流渗流理论,得到碾压混凝土坝层面渗透系数。碾压混凝土坝层面的渗透性主要由沿层面切向和垂直层面的法向两个主渗透系数组成,其中层面切向渗透性主要取决于层面等效水力隙宽,而法向渗透性主要取决于碾压混凝土本体的渗透性,见下式[5]:

$$k_t = \frac{1}{B} \left[(B - d_f)k_{RCC} + \frac{g}{12\mu}d_f^3 \right] \tag{6.3.3}$$

$$k_n = \frac{Bk_{RCC}}{B - d_f} \tag{6.3.4}$$

式中:k_t 和 k_n 为碾压混凝土沿层面切向及法向的均化主渗透系数;B 为碾压混凝土层厚,包括本体的层厚及层面的水力隙宽 d_f;k_{RCC} 为碾压混凝土本体的渗透系数。

以上两式为层面不进行处理时的渗透系数,若层间间隔时间小于混凝土的初凝时间,则一般不加垫层处理,若层间间隔时间较长,碾压混凝土的层面需进行刷毛、铺设富胶质水泥砂浆或纯水泥浆垫层处理时,切向和法向主渗透系数应为[5]:

$$k_t = \frac{1}{B} \left[(B - d_s - 2d_f)k_{RCC} + \frac{g}{6\mu}d_f^3 + d_s k_s \right] \tag{6.3.5}$$

$$k_n = \frac{Bk_s k_{RCC}}{k_s k_{RCC} + (B - d_s - 2d_f)k_s} \tag{6.3.6}$$

式中:d_s 为层面垫层的厚度;k_s 为垫层的渗透系数;d_f 为垫层与碾压混凝土层之间的层面水力隙宽。相比于碾压混凝土层厚 B,层面水力隙宽 d_f 和本体渗透系数 k_{RCC} 及垫层厚度 d_s 很小,可以忽略不计,公式中的 k_n 主要由本体和垫层的渗透性决定,层面水力隙宽对其影响很小,而层面切向渗透性主要由层面水力隙宽决定。

因此,碾压混凝土坝整体的渗流特性主要取决于层面、缝面及本体混凝土的渗流特性,如果层面有垫层则还取决于垫层体的渗流特性。因碾压混凝土本体的密实性很好,容重通常可在 24.50 kN/m³ 以上,透水性极弱,渗透系数常为 10^{-9} ~ 10^{-12} cm/s;而层面和缝面的透水能力与其水力等效隙宽的立方成正比,透水能力相对很强,层面和缝面往往是坝体的主要渗流通道,欲减小水力隙宽,必须严格控制层面的施工质量,保证层面的胶结良好。若施工质量把握不好,使得层面和缝面成为渗流场的渗流通道,水流透过坝体,从下游面逸出,渗流自由面将会被大大抬高。在早期的碾压混凝土坝中渗流问题尤为突出,如下游面逸出点过高,有的坝体中廊道内渗流量过大,严重威胁到大坝的安全和运行。

因碾压混凝土坝层面切向渗透系数较大,而本体的渗透性相比较弱,坝体在宏观上表现出渗透各向异性,各向异性比一般可达到 2 个数量级,甚至更高。如果坝体施工质量不能严格保证,坝体层面和缝面很容易成为主要渗漏通道。和常态混凝土坝防渗原则一样,碾压混凝土坝仍以"前堵后排"作为渗控原则。

坝体部分"前堵"是指上游面防渗体,可以是常态混凝土防渗结构,也可以是碾压混凝土防渗结构,或者可以是几种防渗体联合使用。因层面切向渗透阻力很小,若没有上游面防渗体,坝体上游面高水头压力很有可能引起坝体过大的渗透压力和渗流量,同时坝体下游面渗流溢出线也会很高。即使坝体布置排水孔,但排水孔仅仅降低渗透压力,而不能降低渗流量。因此,坝体必须设置合理且有效的上游面防渗体。

坝体排水孔是"前堵后排"中的后排,根据以往资料和工程经验,坝体排水孔的排水减压能力是非常强大的。如果坝体不设置排水孔,坝体上游面防渗体一旦出现裂缝,就会导致坝体出现较高的渗透压力,渗透压力过高必然会威胁坝体的稳定安全。为了能够长期有效地控制坝体渗透压力和渗透水量,一定要设置坝体排水孔,且在大坝运行期对排水孔应作定期检查,保证排水孔时刻畅通,发挥其应有的渗控作用。

少量绕过坝体排水孔的水流,在阻力较小的坝体层面和缝面直接流向下游面,从下游面逸出。如果下游面长期受水流的侵蚀,会影响坝体下游面混凝土的耐久性。为避免出现上面的情况,一般在下游面设置一定厚度的防渗体。

参考文献

[1] JACOB C E. On the flow of water in an elastic artesian aquifer [J]. Transactions of the American geophysical union, 1940, 21(2): 574-586.

[2] DARCY H. Les fontaines publiques de la ville de Dijon [M]. Paris: Dalmont,, 1856.

[3] 陈开荣. 海水入侵问题的三维有限差分数值模拟[D]. 天津:天津大学,2012.

[4] 毛昶熙. 渗流计算分析与控制[M]. 2 版. 北京:中国水利水电出版社,2003.

[5] 柴军瑞. 大坝及其周围地质体中渗流场与应力场耦合分析[D]. 西安:西安理工大学,2000.

7 温度场有限元计算原理与方法

7.1 导热控制方程

若在一个均匀各向同性且含有热源的混凝土中取出一个如图 7.1.1 所示的小微元六面体,边长分别为 dx、dy、dz。单位时间内沿 x 方向进入的热量为 $q_x dy dz$,流出的热量为 $q_{x+dx} dy dz$,则单位时间内沿 x 方向进入的净热量为 $Q_x = (q_x - q_{x+dx}) dy dz$。

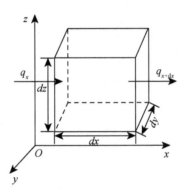

图 7.1.1 热传导示意图

由固体热传导理论可知,单位时间内通过单位面积的热流量,即热流密度 q [单位为 $kJ/(m^2 \cdot h)$]与温度的梯度成正比,方向与温度的梯度方向相反,得到:

$$q_x = -\lambda \frac{\partial T}{\partial x} \qquad (7.1.1)$$

式中:λ 为导热系数,单位为 $kJ/(m^2 \cdot h \cdot ℃)$。

$$q_{x+dx} = -\lambda \frac{\partial T}{\partial x} - \lambda \frac{\partial^2 T}{\partial x^2} dx \qquad (7.1.2)$$

则 x 方向热量流入与流出的之差,即流入的净热量为:

$$Q_x = \lambda \frac{\partial^2 T}{\partial x^2} dx dy dz \qquad (7.1.3)$$

同理可得沿着 y 和 z 方向的流入净热量:

$$Q_y = \lambda \frac{\partial^2 T}{\partial y^2} dx dy dz \qquad (7.1.4)$$

$$Q_z = \lambda \frac{\partial^2 T}{\partial z^2} dx dy dz \qquad (7.1.5)$$

微元体流入的总热量为:

$$Q_1 = Q_x + Q_y + Q_z = \lambda \left(\frac{\partial^2 T}{\partial x^2} + \frac{\partial^2 T}{\partial y^2} + \frac{\partial^2 T}{\partial z^2} \right) dx dy dz \qquad (7.1.6)$$

由于水泥水化热,微元体单位时间发出的热量为:

$$Q_2 = c\rho \frac{\partial \theta}{\partial \tau} dx dy dz \qquad (7.1.7)$$

式中:c 为比热,单位为 $kJ/(kg \cdot ℃)$;ρ 为容重,单位为 kg/m^3;τ 为时间,单位为 h;θ 为绝热温升,单位为 ℃。

单位时间内由于温度的升高而要吸收的热量为:

$$Q_3 = c\rho \frac{\partial T}{\partial \tau} dx dy dz \qquad (7.1.8)$$

由热量的平衡原理可知,从外面流入的净热量与内部水化热之和必须等于温度升高所吸收的热量,即 $Q_3 = Q_1 + Q_2$,从而得到[1]:

$$c\rho \frac{\partial T}{\partial \tau} dx dy dz = \left[\lambda \left(\frac{\partial^2 T}{\partial x^2} + \frac{\partial^2 T}{\partial y^2} + \frac{\partial^2 T}{\partial z^2} \right) + c\rho \frac{\partial \theta}{\partial \tau} \right] dx dy dz \qquad (7.1.9)$$

化简后得到均匀各向同性固体的导热方程:

$$\frac{\partial T}{\partial \tau} = a \left(\frac{\partial^2 T}{\partial x^2} + \frac{\partial^2 T}{\partial y^2} + \frac{\partial^2 T}{\partial z^2} \right) + \frac{\partial \theta}{\partial \tau} \qquad (7.1.10)$$

式中:$a = \lambda/c\rho$,为导温系数,单位为 m^2/h。

若混凝土内没有热源,且温度场不随时间而变,此时 $\frac{\partial T}{\partial \tau} = 0$、$\frac{\partial \theta}{\partial \tau} = 0$,式 (7.1.10)变为:

$$\frac{\partial^2 T}{\partial x^2}+\frac{\partial^2 T}{\partial y^2}+\frac{\partial^2 T}{\partial z^2}=0 \tag{7.1.11}$$

这种不随时间变化的温度场被称为稳定温度场。

若混凝土内无热源，但温度场还随时间的变化而变化，即 $\frac{\partial T}{\partial \tau}\neq 0$、$\frac{\partial \theta}{\partial \tau}=0$，则由式（7.1.10）得：

$$\frac{\partial T}{\partial \tau}=a\left(\frac{\partial^2 T}{\partial x^2}+\frac{\partial^2 T}{\partial y^2}+\frac{\partial^2 T}{\partial z^2}\right) \tag{7.1.12}$$

这种仅随时间变化的温度场被称为准稳定温度场。

若温度场不仅随时间变化，且混凝土水化热尚在释放，即 $\frac{\partial T}{\partial \tau}\neq 0$、$\frac{\partial \theta}{\partial \tau}\neq 0$，就是式（7.1.10），这种不但受混凝土水化热的影响，而且还随时间变化的温度场被称为非稳定温度场。

7.2　初始条件和边界条件

导热方程建立了物体的温度与时间、空间的一般关系，为了确定我们所需要的温度场，还必须知道初始条件和边界条件。初始条件为物体内部初始瞬时温度场的分布规律。边界条件包括周围介质与混凝土表面相互作用的规律及物体的几何形状。初始条件和边界条件合称为边值条件。

（1）初始条件

求解温度场问题时初始条件为已知，即初始瞬时物体内部的温度分布规律已知，数学表达式为：

$$T(x, y, z, 0)=T_0(x, y, z, 0) \tag{7.2.1}$$

一般初始瞬时的温度分布可以认为是常数，即 $T=T(x, y, z, 0)=T_0=$ const，在混凝土浇筑块温度计算过程中，初始温度即为浇筑温度。

（2）边界条件

边界条件可以用以下 4 种方式给出[2]：

① 第一类边界条件：

T 函数在 Γ_1 边界上得到满足，Γ_1 边界上已知物体表面的温度，第一类边界条件混凝土表面温度是时间的已知函数，即：

$$T(\tau) = f_1(\tau) \tag{7.2.2}$$

在实际工程中,属于第一类边界条件的情况是混凝土表面与流水直接接触,这时可取混凝土表面的温度等于流水的温度 T_b,即:

$$T = T_b \tag{7.2.3}$$

② 第二类边界条件:

在 Γ_2 边界上已知物体表面输入的热流量,即第二类边界条件为混凝土表面的热流量是时间 τ 的已知函数,即:

$$-\lambda \frac{\partial T}{\partial n} = f_2(\tau) \tag{7.2.4}$$

式中:n 为表面法线方向,λ 为导热系数。

若表面的热流量等于 0,则第二类边界条件转化为绝热边界条件,即:

$$\frac{\partial T}{\partial n} = 0 \tag{7.2.5}$$

③ 第三类边界条件:

在 Γ_3 边界上已知对流时的环境温度,即第三类边界条件为混凝土与空气接触时的情况,在实际计算中可用对流边界条件来表示。它表示了固体与流体(如空气)接触时的传热条件,即混凝土的表面热流量和表面温度 T 与气温 T_a 之差成正比,数学表达式为:

$$-\lambda \frac{\partial T}{\partial n} = \beta(T - T_a) \tag{7.2.6}$$

式中:β 为放热系数,单位为 $kJ/(m^2 \cdot h \cdot \text{℃})$。

当放热系数 β 趋于无限时,$T = T_a$,即转化为第一类边界条件。当放热系数 $\beta = 0$ 时,$\frac{\partial T}{\partial n} = 0$,又转化为绝热条件。

④ 第四类边界条件:

当两种不同的固体接触时,如接触良好,则在接触面上温度和热流量都是连续的,即:

$$T_1 = T_2 \tag{7.2.7}$$

$$\lambda_1 \frac{\partial T_1}{\partial n} = \lambda_2 \frac{\partial T_2}{\partial n} \tag{7.2.8}$$

如果两固体之间接触不良,则温度是不连续,$T_1 \neq T_2$,这时需要引入接触热阻的概念。假设接触裂隙中的热容量可以忽略,那么接触面上热流量应保持平衡,因此边界条件如下:

$$\left.\begin{aligned}
\lambda_1 \frac{\partial T_1}{\partial n} &= \frac{1}{R_c}(T_2 - T_1) \\
\lambda_1 \frac{\partial T_1}{\partial n} &= \lambda_2 \frac{\partial T_2}{\partial n}
\end{aligned}\right\} \tag{7.2.9}$$

式中:R_c 为因接触不良产生的热阻,单位为 m² · h · ℃/kJ,由实验确定。

7.3　大体积混凝土稳定温度场的有限元法

7.3.1　大体积混凝土稳定温度场有限元计算公式

由热传导理论,稳定温度场 $T(x, y, z)$ 在区域 R 内应满足拉普拉斯方程式(7.1.11)及边界条件式(7.2.2)至式(7.2.9)。若将计算域离散为若干个 8 节点空间实体等参元,取温度模式为:

$$T = \sum_{i=1}^{8} N_i T_i = [N]\{T\}^e \tag{7.3.1}$$

式中:N_i 为形函数,T_i 为节点温度。

对式(7.1.11)在区域 R 内应用加权余量法得:

$$\iiint\limits_R W_i \left(\frac{\partial^2 T}{\partial x^2} + \frac{\partial^2 T}{\partial y^2} + \frac{\partial^2 T}{\partial z^2} \right) dxdydz = 0 \tag{7.3.2}$$

取权函数 W_i 等于形函数 N_i,并进行分部积分得:

$$\iiint\limits_R \left(\frac{\partial T}{\partial x}\frac{\partial N_i}{\partial x} + \frac{\partial T}{\partial y}\frac{\partial N_i}{\partial y} + \frac{\partial T}{\partial z}\frac{\partial N_i}{\partial z} \right) dxdydz - \iint\limits_S \frac{\partial T}{\partial n} N_i ds = 0 \tag{7.3.3}$$

将式(7.3.1)代入上式,由于

$$[B_i] = \begin{bmatrix} \dfrac{\partial N_1}{\partial x} & \dfrac{\partial N_2}{\partial x} & \cdots & \dfrac{\partial N_8}{\partial x} \\[2mm] \dfrac{\partial N_1}{\partial y} & \dfrac{\partial N_2}{\partial y} & \cdots & \dfrac{\partial N_8}{\partial y} \\[2mm] \dfrac{\partial N_1}{\partial z} & \dfrac{\partial N_2}{\partial z} & \cdots & \dfrac{\partial N_8}{\partial z} \end{bmatrix} \tag{7.3.4}$$

可以得到矩阵形式

$$\iiint_R [B_i]^T [B_i]\{T\}^e dV = \iint_S [N]^T \frac{\partial T}{\partial n} ds \qquad (7.3.5)$$

代入边界条件

$$\frac{\partial T}{\partial n} = \frac{\beta}{\lambda}(T_a - T) = \frac{\beta}{\lambda}\left(T_a - \sum_{i=1}^{8} N_i T_i\right) = \frac{\beta}{\lambda}T_a - \frac{\beta}{\lambda}[N]\{T\}^e \qquad (7.3.6)$$

并对所有单元求和,得求解稳定温度场的方程为[3]:

$$\sum_e \left\{ \iiint_R [B_i]^T [B_i] dV + \iint_S \frac{\beta}{\lambda}[N]^T [N] ds \right\}\{T\}^e = \sum_e \iint_S \frac{\beta}{\lambda}T_a [N]^T ds$$

$$(7.3.7)$$

7.3.2 大体积混凝土非稳定温度场有限元计算公式

根据热传导理论,三维非稳定温度场 $T(x, y, z, \tau)$ 应满足偏微分方程式 (7.1.10)及相应的初始条件式(7.2.1)和边界条件式(7.2.2)至式(7.2.9)。

单元内任一点的温度可用形函数从和单元节点温度插值表示。

对泛定方程式(7.1.10)在三维空间域 R 内应用加权余量法得[3]:

$$\iiint_R W_i \left[\left(\frac{\partial^2 T}{\partial x^2} + \frac{\partial^2 T}{\partial y^2} + \frac{\partial^2 T}{\partial z^2}\right) + \frac{1}{a}\left(\frac{\partial \theta}{\partial \tau} - \frac{\partial T}{\partial n}\right) \right] dx dy dz = 0 \quad (7.3.8)$$

采用伽列金方法在空间域内取权函数域等于形函数 N_i,代入式(7.3.8)得:

$$\iiint_R N_i \left[\left(\frac{\partial^2 T}{\partial x^2} + \frac{\partial^2 T}{\partial y^2} + \frac{\partial^2 T}{\partial z^2}\right) + \frac{1}{a}\left(\frac{\partial \theta}{\partial \tau} - \frac{\partial T}{\partial n}\right) \right] dx dy dz = 0 \quad (7.3.9)$$

对式(7.3.9)进行分部积分得:

$$\iiint_R \left(\frac{\partial T}{\partial x}\frac{\partial N_i}{\partial x} + \frac{\partial T}{\partial y}\frac{\partial N_i}{\partial y} + \frac{\partial T}{\partial z}\frac{\partial N_i}{\partial z}\right) - \frac{N_i}{a}\left(\frac{\partial \theta}{\partial \tau} - \frac{\partial T}{\partial \tau}\right) dx dy dz - \iint_S \frac{\partial T}{\partial n} N_i ds = 0$$

$$(7.3.10)$$

将式(7.3.1)和式(7.3.4)代入式(7.3.10)并将其写成矩阵的形式:

$$\iiint_R [B_i]^T [B_i]\{T\}^e dV - \iiint_R \frac{1}{a}[N]^T \frac{\partial \theta}{\partial \tau} dV + \iiint_R \frac{1}{a}[N]^T [N]\frac{\partial \{T\}^e}{\partial \tau} dV$$

$$- \iint_S [N]^T \frac{\partial T}{\partial n} ds = 0 \qquad i = 1, 2, \cdots, 8 \qquad (7.3.11)$$

对所有单元求和,并计入边界条件,得到:

$$\sum_e \left(\iiint_R [B_i]^T[B_i]\{T\}^e dV + \frac{\beta}{\lambda} \iint_S [N]^T[N]ds \right)\{T\}^e +$$

$$\sum_e \left(\iiint_R \frac{1}{a}[N]^T[N]dV \right)\frac{\partial\{T\}^e}{\partial\tau} - \sum_e \left(\iiint_R \frac{1}{a}[N]^T\frac{\partial\theta}{\partial\tau}dV \right) -$$

$$\sum_e \left(\frac{\beta T_a}{\lambda}\iint_S [N]^T ds \right) = 0 \qquad (7.3.12)$$

令 $[H] = \sum_e [h]^e = \sum_e \left(\iiint_R [B_i]^T[B_i]\{T\}^e dV + \frac{\beta}{\lambda}\iint_S [N]^T[N]ds \right)$,

$[C] = \sum_e [c]^e = \sum_e \left(\frac{1}{a}\iiint_R [N]^T[N]dV \right)$, $\{P\} = \sum_e \left(\iiint_R \frac{1}{a}[N]^T\frac{\partial\theta}{\partial\tau}dV + \right.$

$\left. \frac{\beta T_a}{\lambda}\iint_S [N]^T ds \right)$,则式(7.3.12)变为:

$$[H]\{T\} + [C]\frac{\partial\{T\}}{\partial\tau} = \{P\} \qquad (7.3.13)$$

在时间域进行离散化,采用线性插值函数,在时间域 $0 \leqslant \tau \leqslant \Delta\tau$ 内,节点温度 $\{T\}$ 可表示为:

$$\{T\} = \begin{bmatrix} N_0(\tau) & N_1(\tau) \end{bmatrix}\begin{Bmatrix} \{T\}_0 \\ \{T\}_1 \end{Bmatrix} \qquad (7.3.14)$$

式中: $N_0(\tau)$, $N_1(\tau)$ 为时间域内的形函数, $N_0(\tau) = 1 - \frac{\tau}{\Delta\tau}$, $N_1(\tau) = \frac{\tau}{\Delta\tau}$。

由于 $\frac{\partial N_0(\tau)}{\partial\tau} = -\frac{1}{\Delta\tau}$, $\frac{\partial N_1(\tau)}{\partial\tau} = \frac{1}{\Delta\tau}$,所以节点温度的时间导数为:

$$\frac{\partial\{T\}}{\partial\tau} = \begin{bmatrix} \frac{\partial N_0(\tau)}{\partial\tau} & \frac{\partial N_1(\tau)}{\partial\tau} \end{bmatrix}\begin{Bmatrix} \{T\}_0 \\ \{T\}_1 \end{Bmatrix} = \begin{bmatrix} -\frac{1}{\Delta\tau} & \frac{1}{\Delta\tau} \end{bmatrix}\begin{Bmatrix} \{T\}_0 \\ \{T\}_1 \end{Bmatrix}$$

$$(7.3.15)$$

初始节点温度 $\{T\}_0$ 是已知的,待求的是 $\tau = \Delta\tau$ 时的节点温度 $\{T\}_1$,由伽列金公式,取时间域权函数城 $W_1(\tau) = N_1(\tau)$,由式(7.34)得:

$$\int_0^{\Delta\tau} N_1(\tau)\left([H]\{T\} + [C]\frac{\partial\{T\}}{\partial\tau} - \{P\} \right)d\tau = 0 \qquad (7.3.16)$$

将式(7.3.14)和式(7.3.15)代入式(7.3.16)得:

$$\int_0^{\Delta\tau} \frac{\tau}{\Delta\tau}\Big([H]\big[N_0(\tau)\quad N_1(\tau)\big]\begin{Bmatrix}\{T\}_0\\\{T\}_1\end{Bmatrix}$$

$$+[C]\Big[-\frac{1}{\Delta\tau}\quad \frac{1}{\Delta\tau}\Big]\begin{Bmatrix}\{T\}_0\\\{T\}_1\end{Bmatrix}-\{P\}\Big)d\tau=0 \tag{7.3.17}$$

对时间 τ 积分,化简得:

$$\Big(\frac{2}{3}[H]+\frac{1}{\Delta\tau}[C]\Big)\{T\}_1+\Big(\frac{1}{3}[H]-\frac{1}{\Delta\tau}[C]\Big)\{T\}_0=\frac{2}{\Delta\tau}\int_0^{\Delta\tau}\frac{\tau}{\Delta\tau}\{P\}d\tau \tag{7.3.18}$$

同样,$\{P\}$ 表示为:

$$\{P\}=\big[N_0(\tau)\quad N_1(\tau)\big]\begin{Bmatrix}\{P\}_0\\\{P\}_1\end{Bmatrix} \tag{7.3.19}$$

其中,$\{P\}_0$ 和 $\{P\}_1$ 分别表示 $\tau=0$ 和 $\tau=\Delta\tau$ 时刻的值,则:

$$\frac{2}{\Delta\tau}\int_0^{\Delta\tau}\frac{\tau}{\Delta\tau}\{P\}d\tau=\frac{1}{3}\{P\}_0+\frac{2}{3}\{P\}_1 \tag{7.3.20}$$

代入式(7.3.18),得到求解非稳定温度场的方程如下:

$$\Big(\frac{2}{3}[H]+\frac{1}{\Delta\tau}[C]\Big)\{T\}_1=\Big(\frac{1}{3}\{P\}_0+\frac{2}{3}\{P\}_1\Big)-\Big(\frac{2}{3}[H]-\frac{1}{\Delta\tau}[C]\Big)\{T\}_0 \tag{7.3.21}$$

式中:$\{T\}_0=\{T(\tau_0)\}$; $\{T\}_1=\{T(\tau_0+\Delta\tau)\}$; $\{P\}_0=\{P(\tau_0)\}$; $\{P\}_1=\{P(\tau_0+\Delta\tau)\}$; $[H]=\sum_e\Big(\iiint_R[B_t]^T[B_t]dV+\frac{\beta}{\lambda}\iint_S[N]^T[N]ds\Big)$; $[C]=\sum_e\Big(\frac{1}{a}\iiint_R[N]^T[N]dV\Big)$; $\{P\}=\sum_e\Big(\iiint_R\frac{1}{a}[N]^T\frac{\partial\theta}{\partial\tau}dV+\frac{\beta T_a}{\lambda}\iint_S[N]^Tds\Big)$。

当 $\tau_0=0$ 时,初始条件与边界条件可能不协调,因而在第一个 $\Delta\tau$ 时段内,不能使用加权余量法而应采用直接差分法。取:

$$\frac{\partial T}{\partial\tau}=\frac{\{T\}_1-\{T\}_0}{\Delta\tau} \tag{7.3.22}$$

代入式(7.3.13)得:

$$[H]\{T\}_1+[C]\frac{\{T_1-T_0\}}{\Delta\tau}=\{P\}_1 \tag{7.3.23}$$

整理后得到：

$$\left([H]+\frac{[C]}{\Delta\tau}\right)\{T\}_1 = \{P\}_1 + \frac{[C]}{\Delta\tau}\{T\}_0 \qquad (7.3.24)$$

参考文献

［1］朱伯芳. 有限单元法原理与应用[M]. 4 版. 北京：水利水电出版社，2018.

［2］YU T T，GONG Z W. Numerical simulation of temperature field in heterogeneous material with the XFEM[J]. Archives of civil and mechanical engineering，2013，13(2)：199-208.

［3］吴永礼. 计算固体力学方法[M]. 北京：科学出版社，2003.

8　碾压混凝土力学分析模型

8.1　等效连续模型的建立

在温度场、应力场有限元计算中,含有层面的碾压混凝土材料是作为各向同性体、还是横向各向同性体、或者是各向异性体来处理? 目前,各向同性体和横向各向同性体假设占有上风,其中基于横向各向同性的等效各向同性体假设似乎更符合实际情况,由于计算简单,各向同性体假设应用较为普遍。根据能量等效原理建立的连续等效模型(图 8.1.1)来模拟层状结构的碾压混凝土拱坝和重力坝,可以大大减少应力场分析时的计算量,等效模型与单元尺寸、夹层的数量无关,便于根据实际情况对坝体进行灵活的有限元网格剖分,通用性强。等效模型单元刚度矩阵计算简单,而且该模型能够计算夹层和本体之间的应力应变不均匀分布和层面开裂后的应力-应变关系,可用于坝体的非线性损伤开裂分析。

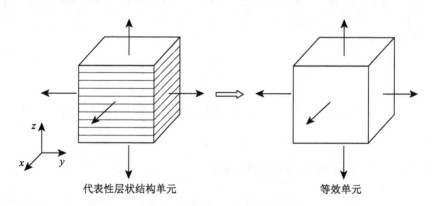

代表性层状结构单元　　　　　　　　　　等效单元

图 8.1.1　等效模型的建立

能量等效基本原理就是假设层状体单元和假设连续体单元在同样荷载作用下弹性应变能或外力功相同,由此推导出等效单元与代表性单元之间的材料常数关系。根据碾压混凝土竖向层状结构的特点,假设等效单元为横向各向同性体,等效单元需要确定的材料常数为层面方向的弹性模量 E_h、泊松比 μ_h,垂直层面方向的弹性模量 E_v、泊松比 μ_v、剪切模量 G_v。设碾压混凝土本体弹性模量为 E_c、泊松比为 μ_c、层厚为 h_c,软弱夹层(砂浆层)弹性模量为 E_m、泊松比 μ_m,层厚为 h_m,下面分三种情况计算等效单元体的材料参数[1]。

8.1.1　垂直层面方向单轴受拉情况

垂直层面方向单轴拉伸情况见图 8.1.2,单元内各点应力相同,n 为代表性单元内夹层的层数。代表性单元的竖向平均应变为:

$$\varepsilon = \left(\frac{\sigma}{E_c} \times h_c \times n + \frac{\sigma}{E_m} \times h_m \times n \right) / n \times (h_c + h_m) \qquad (8.1.1)$$

弹性应变能密度

$$w = \frac{1}{2} \times \sigma \times \varepsilon = \frac{1}{2} \times \sigma \times \frac{\sigma}{E_v} \qquad (8.1.2)$$

由上式可得:

$$E_v = \frac{E_c E_m (h_c + h_m)}{E_c h_m + E_m h_c} \qquad (8.1.3)$$

代表性单元的平均侧向应变为:

$$\varepsilon' = -\left(\frac{\sigma}{E_c} \times \mu_c \times h_c + \frac{\sigma}{E_m} \times \mu_m \times h_m \right) \times n/n \times (h_c + h_m) \qquad (8.1.4)$$

等效单元的泊松比

$$\mu_v = -\frac{\varepsilon'}{\varepsilon} = \frac{\mu_c h_c E_m + \mu_m h_m E_c}{h_c E_m + h_m E_c} \qquad (8.1.5)$$

可以看出,由式(8.1.3)、式(8.1.5)得到的 E_v、μ_v 与单元网格尺寸和单元内碾压层数无关。

8.1.2　平行层面方向单轴受拉情况

平行层面方向单轴拉伸情况见图 8.1.3,单元内各点应变相同,n 为代表性单元内夹层的层数。

碾压混凝土本体部分应力为:

$$\sigma_c = \sigma \times \frac{E_c (h_c + h_m)}{E_c h_c + E_m h_m} \qquad (8.1.6)$$

夹层部分应力为：

$$\sigma_m = \sigma \times \frac{E_m(h_c + h_m)}{E_c h_c + E_m h_m} \tag{8.1.7}$$

代表性单元的水平应变

$$\varepsilon = \sigma \times \frac{(h_c + h_m)}{E_c h_c + E_m h_m} \tag{8.1.8}$$

代表性单元的平均侧向应变为：

$$\varepsilon' = -\varepsilon(\mu_c \times h_c + \mu_m \times h_m)/(h_c + h_m) \tag{8.1.9}$$

弹性应变能密度

$$w = \frac{1}{2} \times \sigma \times \sigma \times \frac{h_c + h_m}{E_c h_c + E_m h_m} = \frac{1}{2} \times \sigma \times \frac{\sigma}{E_h} \tag{8.1.10}$$

由上式可得：

$$E_h = \frac{E_c h_c + E_m h_m}{h_c + h_m} \tag{8.1.11}$$

等效单元的泊松比：

$$\mu_h = -\frac{\varepsilon'}{\varepsilon} = \frac{\mu_c h_c + \mu_m h_m}{h_c + h_m} \tag{8.1.12}$$

8.1.3　垂直层面方向纯剪情况

垂直层面方向纯剪情况见图 8.1.4，单元内各点剪应力相同。分析方法同上，可得：

$$G_v = \frac{G_c G_m (h_c + h_m)}{G_c h_m + G_m h_c} \tag{8.1.13}$$

这样就得到了横向各向同性等效单元体的单元弹性柔度矩阵：

$$[C]^e = \begin{bmatrix} 1/E_h & -\mu_h/E_h & -\mu_v/E_v & & & \\ & 1/E_h & -\mu_v/E_v & & & \\ & & 1/E_v & & & \\ & 对称 & & 1/G_h & & \\ & & & & 1/G_h & \\ & & & & & 1/G_v \end{bmatrix} \tag{8.1.14}$$

从上面的公式中也可以看出,如果砂浆夹层厚度相对本体小得很多,在粗略计算的情况下,也可以把碾压混凝土视为各向同性体。

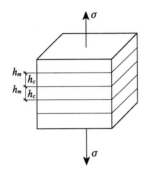 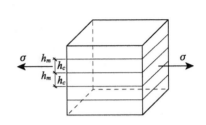

图 8.1.2　垂直层面方向单轴拉伸　　图 8.1.3　平行层面方向单轴拉伸

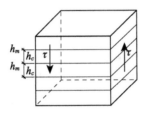

图 8.1.4　垂直层面方向纯剪

8.1.4　本体和夹层之间的实际应力应变分布

通过等效模型进行应力场分析时得到的是单元内的平均应力应变,根据以上的假设和分析结果,可以得到单元体内本体和夹层之间的应力应变。设等效单元的应力为 σ_x、σ_y、σ_z、τ_{xy}、τ_{yz}、τ_{zx},应变为 ε_x、ε_y、ε_z、γ_{xy}、γ_{yz}、γ_{zx},z 为垂直层面方向,xy 平面为平行层面方向,则层状单元内本体部分的应力、应变为:

$$\sigma_x^c = \frac{E_c(h_c + h_m)}{E_c h_c + E_m h_m}\sigma_x, \quad \sigma_y^c = \frac{E_c(h_c + h_m)}{E_c h_c + E_m h_m}\sigma_y,$$

$$\sigma_z^c = \sigma_z, \quad \varepsilon_x^c = \varepsilon_x, \quad \varepsilon_y^c = \varepsilon_y, \tag{8.1.15}$$

$$\varepsilon_z^c = \frac{E_m(h_c + h_m)}{E_c h_m + E_m h_c}\varepsilon_z, \quad \tau_{xy}^c = \tau_{xy},$$

$$\tau_{yz}^c = \frac{G_c h_m + G_m h_c}{G_m(h_c + h_m)}\tau_{yz}, \quad \tau_{zx}^c = \frac{G_c h_m + G_m h_c}{G_m(h_c + h_m)}\tau_{zx},$$
(8.1.16)

$$\gamma_{xy} = \frac{G_c h_c + G_m h_m}{G_c (h_c + h_m)} \gamma_{xy}, \quad \gamma_{yz} = \gamma_{yz}, \quad \gamma_{zx} = \gamma_{zx} \qquad (8.1.17)$$

夹层部分的应力、应变为:

$$\sigma_x^m = \frac{E_m (h_c + h_m)}{E_c h_c + E_m h_m} \sigma_x, \quad \sigma_y^m = \frac{E_m (h_c + h_m)}{E_c h_c + E_m h_m} \sigma_y,$$

$$\sigma_z^m = \sigma_z, \quad \varepsilon_x^m = \varepsilon_x, \quad \varepsilon_y^m = \varepsilon_y \qquad (8.1.18)$$

$$\varepsilon_z^m = \frac{E_c (h_c + h_m)}{E_c h_m + E_m h_c} \varepsilon_z, \quad \tau_{xy}^m = \tau_{xy},$$

$$\tau_{yz}^m = \frac{G_c h_m + G_m h_c}{G_m (h_c + h_m)} \tau_{yz}, \quad \tau_{zx}^m = \frac{G_c h_m + G_m h_c}{G_m (h_c + h_m)} \tau_{zx} \qquad (8.1.19)$$

$$\gamma_{xy}^m = \frac{G_c h_c + G_m h_m}{G_m (h_c + h_m)} \gamma_{xy}, \quad \gamma_{yz}^m = \gamma_{yz}, \quad \gamma_{zx}^m = \gamma_{zx} \qquad (8.1.20)$$

8.2 等效连续模型的损伤开裂

通过等效模型进行应力场分析得到的是单元内的平均应力应变,由前面的分析可知,实际层状结构体中本体和夹层的应力、应变分布是不均匀的,碾压混凝土和普通混凝土的区别主要体现在夹层对力学性能的影响上,夹层抗拉、抗剪强度低于本体结构,因此碾压混凝土结构的主要问题是层面上的受拉和受剪问题[2-5]。

8.2.1 层面受拉损伤开裂分析

当垂直层面方向的应变值 ε_v 不超过层面的抗拉强度 f_t 对应的峰值应变 ε_f^t 时,单元体处于弹性阶段,当垂直层面方向的应变值超过峰值应变时,层面出现裂缝,并逐渐扩展,直到最后失稳破坏,由于混凝土骨料与砂浆之间的"咬合"作用,在裂缝出现和扩展过程中仍然具有一定的传递内力的能力,应力应变关系曲线见图8.2.1和图8.2.2。根据损伤带理论,可以假设损伤带集中在层面内,当垂直层面方向的应变值 ε_v 超过 ε_f^t 时,等效单元损伤柔度矩阵表示如下[1]:

$$[C]^D = \begin{bmatrix} 1/E'_h & -\mu_h/E'_h & -\mu_v/E'_v & & & \\ & 1/E'_h & -\mu_v/E'_v & & & \\ & & 1/E'_v & & & \\ & 对称 & & 1/G'_h & & \\ & & & & 1/G'_h & \\ & & & & & 1/G'_v \end{bmatrix} \quad (8.2.1)$$

其中：$E'_v = \dfrac{E_c E_m^s (h_c + h_m)}{E_c h_m + E_m^s h_c}$；$E'_h = \dfrac{E_c h_c + E_m^s h_m}{h_c + h_m}$；$E_m^s = E_m^s(\varepsilon_v)$；$\mu'_v = \dfrac{\mu_c h_c E_m^s + \mu_m h_m E_c}{h_c E_m^s + h_m E_c}$；$G'_h = E'_h/2(1+\mu_h)$；$G'_v = \beta G_v$；$\beta$ 为残余剪切系数，$0 \leqslant \beta \leqslant 1$，$\beta$ 值与混凝土骨料粒径、配合比、层面处理方式等多种因素有关；E_m^s 为夹层应变软化段的割线模量。

在软化阶段，设卸载-再加载曲线沿割线方向，损伤值为非减函数，当应变值超过极限应变值 ε_t^u 后，裂缝失稳断裂，单元破坏。

8.2.2 层面压剪损伤开裂分析

在弹性状态下，碾压混凝土在层面方向的压应力、剪应力分布不均匀，剪切应力-剪切位移曲线与层面上的压应力有关。为便于有限元计算，一般仍假定层面压应力、剪应力均匀分布，剪切变形集中在层面，层面抗剪断强度 τ_{cr}，残余剪应力 τ_{re} 与层面压应力有关：

$$\tau_{cr} = c' - f'\sigma \quad (8.2.2)$$

式中：c' 为层面抗剪断黏性力，f' 为摩擦系数。当层面剪应力 τ 未超过 τ_{cr} 时，单元处于弹性阶段，当层面剪应力 τ 超过 τ_{cr} 时，单元进入应变软化阶段，见图8.2.2。由于试验得到的剪切应力-应变曲线是在定压情况下的，因此应变软化阶段，夹层刚度折减 $E_m^s = E_m^s(\gamma)$，$G_m^s = G_m^s(\gamma)$ 需要用迭代法求解。

8.2.3 层面拉剪损伤开裂分析

层面拉剪情况相对复杂，界面起裂后，裂缝扩展为复合型扩展，裂缝可能在夹层内扩展，也可能进入本体部分，裂缝扩展方向和外应力水平有关，属于Ⅰ-Ⅱ复合型断裂问题。对于碾压混凝土层面复合型断裂应变软化阶段的研究目前还很不成熟，对于层面拉剪情况，可以直接采用破坏准则；不考虑应变软化阶段的损伤,开裂准则同式(8.2.2),其中 σ 为单元层面上的拉应力,或者在剪拉应力比值较小的情况下,把层面拉剪问题简化为层面受拉情况来处理。

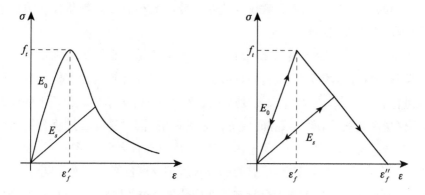

图 8.2.1　层面单轴拉应力应变曲线

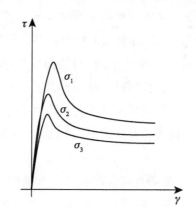

图 8.2.2　层面压剪应力应变曲线

8.3　高面板堆石坝变形的物理机制及分解方法

8.3.1　研究现状

由于高面板堆石坝结构及其变形的复杂性,需要数值计算结合实测资料综合分析,这类方法是现阶段拟定变形监控指标和建立大坝变形安全预警模型的重要研究手段。然而,采用数值模拟进行大坝安全评价主要基于强度和稳定性准则,而这种准则却没有与安全状态和变形状态结合起来,难以为工程单位所应用;而基于实测资料的统计模型还没有同大坝的安全度进行有效联系,没有有效反应大坝的安全状态,从而导致仅仅从变形数值大小上难以判断大坝的安全状况,更难以实现准确预警。

由于测值直观,变形监测无论对于混凝土坝还是土石坝各级别建筑物都是安全监测的首选监测项目,但目前许多分析方法均没有依据物理机制对变形的组成进行有效分析。实际上大坝变形是在多种内外部因素耦联作用下的综合反应,不仅受水荷载、温度荷载和时效等因素的影响,同时受施工过程和结构布置的影响,既包含反映大坝安全状态的信息成分,也含有自由变形部分。要想利用变形监测资料分析大坝安全,最有效的方式就是分离各变形成份,剔出自由变形部分,提取真正能反映大坝安全状态的变形分量,这样才能准确利用该部分变形分析大坝的真实安全状态,这也是建立大坝变形安全监控指标的必然要求。

本书认为基于数值仿真和实测资料分析的变形监控指标和预警模型研究,应充分考虑材料分区、施工速度、多种荷载以及材料的热学、蠕变性质、堆石滑移以及材料的不同变形状态,包括刚体变形、石块弹性变形、石块内部损伤和塑性变形、石块间滑移以及石块尖角破裂等,准确模拟各类影响因素下坝体变形,掌握各类变形在总变形中的分量及其所反映大坝安全状态的能力。通过本书相关研究揭示面板堆石坝变形包含的安全信息,为大坝安全监测资料分析和大坝变形监控指标的拟定奠定基础。

由于变形的重要性,面板堆石坝变形研究一直是坝工结构的研究热点。在数值研究方面,大多数面板堆石坝堆石料本构模型采用的是非线弹性的邓肯 E-B 模型,计算中采用的是中点增量法[6-9]。张飞、费文平[10]通过 APDL 参数化设计语言对 ANSYS 进行二次开发,在 ANSYS 中加入了目前广泛应用于土体的邓肯-张 E-B 模型;韩雪[11]运用三维有限元计算软件计算了坝体及面板在施工期和蓄水期的应力变形分布规律;潘家军等[12]分别采用非线性剪胀模型和邓肯 E-B 模型完整模拟了坝体分层填筑、面板分期以及分期蓄水全过程,对坝体应力与变形、面板应力与变形计算成果进行对比分析,验证了非线性剪胀模型在面板堆石坝静力有限元分析中的适用性;蒙东俊等[13]在面板和垫层之间设置了 Goodman 接触面单元,而面板竖缝和周边缝采用分缝法处理;李炎隆[14]运用面板应力与变形分析的子模型法计算,子模型法的优点是可以提高面板应力与变形数值分析的精度,同时提高接触问题的求解效率;周慧敏、梅明荣[15]对渗流-温度-应力三场耦合重要参数及控制方程进行了系统的分类与总结,并对工程使用进行归纳展望;孙丰[16]以土坡稳定分析理论为基础,结合有限元强度折减法理论,利用 ABAQUS 软件对面板堆石坝坝坡的稳定性进行模拟,分析了渗流场与应力场之间的相互耦合作用;王磊[17]针对蓄水后坝体受到渗流及水岩耦合作用,构建面板堆石坝参数动态反演分析模型。上述文献分析表明,众多多场耦合模型中考虑堆石体温度影响的多场耦合研究比较欠缺,目前的考虑温度的多场耦合模型主要针对面板结构。

在监测资料分析方面,近几年关于面板堆石坝的分析方法逐渐丰富。邢万鹏[18]分析了混凝土面板堆石坝堆石体和面板的变形机理及影响因素,比较了混凝土面板堆石坝监测分析常用的方法;孙杰[19]基于反演分析建立大坝典型测点的混合监控模型,用以预测和监控大坝的安全运行情况;赵新瑞等[20]基于挤压边墙多测点变形监测资料,通过引入监测点的空间坐标标量,结合场理论建立了挤压边墙变形时空分布模型;袁斌等[21]基于实测相对沉降,采用正交设计、神经网络、遗传算法相结合的方法,反演了堆石坝的非线性材料参数。

从影响大坝变形的物理机制上来看,混凝土坝体的水平位移主要受水压、温度以及时效等因素的影响,因此坝体水平位移由水压分量、温度分量和时效分量组成。目前,关于坝体堆石变形的机理研究尚不成熟,传统的统计模型对大坝物理机制的考虑不够完善,还需要进一步针对面板堆石坝的工作机制和多场耦合作用机理,对变形成因进行细致分析。肖浩波[22]基于对面板堆石坝应力产生的分析,提出建立面板顺坡向应力多因素时变分析模型,他们虽然考虑了水压、温度、时效分量对变形的影响,但北方地区温度变化幅度大、高寒的情况不应该被忽略;李炎隆等[14]在考虑各种变形影响因素的同时,加入了高寒地区温度对变形的影响,建立了更为完善的统计模型,提出了面板与垫层之间接触面单元计算模型,但缺少对变形分量分离的讨论。

在变形分量的分离分解方面,李民、李珍照[23]通过滤波的方法提取出测值序列中的趋势项,为从坝体测值序列中分解出时效分量提供新途径;方国宝[24]研究了湿化变形分量分离的方法,编制了相应的分析程序,并利用灰色关联理论分析了堆石体各沉降分量之间的关联性;柳利利[25]运用偏最小二乘回归方法提高模型的拟合精度,并且有效地分离出各个变形分量;张婷婷等[26]深入分析了水压分量、温度分量和时效分量分离的影响因素,但水压因子表达式并不能表达非弹性部分水压分量,温度因子表达式并不能完全反映温度荷载真实的作用机理,时效因子不能充分反映时效分量随时间的变化情况;宫经伟等[27]采取一种新方法将总应变计算式解耦,从而摆脱对早龄期混凝土的热膨胀系数定值的依赖,得出混凝土热膨胀系数在等效龄期下的历程,最终从无应力计测值中分离出温度应变和自生体积变形;王娟[28]建立了基于时频分布盲源分离-多输出相关向量机(TFB S S-MRVM)的大坝多测点时变监测模型,但该模型的物理机制并不明确。由此可见,大坝实测变形的有效分离仍然是国内外学者研究难点。

8.3.2 研究目标和主要问题

要实现有效监控高面板堆石坝的目的,首先必须揭示高面板堆石坝变形的物理机制,弄清楚温度荷载、水位荷载以及材料蠕变损伤等因素对变形的影响程度。提出从总体变形分离出大坝安全度量变形分量的方法。

根据上述研究目标,有待研究的关键问题包括:(1)根据高面板堆石坝的运行环境和建设过程,全面研究变形影响因素,特别是通过对坝体以及坝基结构的细致分析,考虑大坝施工过程以及变形的各种影响因素,准确建立大坝数值模型。(2)研究堆石体内部热传导和对流机制,建立真实状态下堆石体的热-力-湿耦合本构关系和状态方程。(3)研究水压分量、温度分量、时效分量与不同应力路径下的变形演化规律和比重,分析不同物理分量对大坝应力的影响以及产生的变形的大小。(4)提取实测变形分量分离方法,分离出自由变形,反映大坝安全的有害变形。

针对上述问题拟解决的关键难点包括:(1)真实环境下堆石坝变形机制和热力学关系及其与面板、地基等的相互作用,深入剖析周边缝、分缝以及堆石孔隙之间的非线性耦合作用,建立堆石体滑移、压紧、破碎、流变、黏弹塑性变形及损伤机制,充分考虑坝体及地形、温度条件,采取合理近似技术,抓住主要结构和材料特征,建立大坝数值仿真模型。(2)面板以及堆石体等材料的本构模型和参数选择问题,通过综合分析、工程类比和现场调研等方法,确定模型及其相关参数。(3)研究水压分量、温度分量、时效分量及其应力路径相关性,提取实测变形分量分离方法,分离出自由变形以及反映大坝安全的有害变形。

8.3.3 研究思路与方法

在全面分析大坝变形机理的基础上,选用能全面描述大坝变形的本构模型和数值分析方法,采用变量分离技术分离出可以反映大坝安全度的变形分量以及自由热弹性等无害变形分量。通过能反映大坝安全状态的变形分量拟定预警指标和建立预警模型。

技术路线如图 8.3.1 所示。

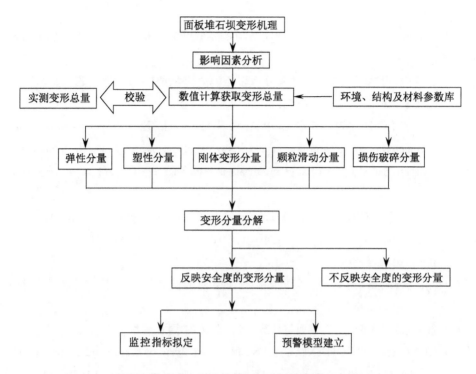

图 8.3.1　基于有害变形分量分离的监控指标拟定和预警模型建立方法

具体步骤为：

(1) 建立考虑多场耦合以及材料蠕变等条件下的面板堆石坝有限元模型。

在对面板堆石坝变形机理研究的基础上，深入分析高面板堆石坝的地质水文条件、结构材料特点、施工过程以及运行环境，考虑水体作用、温度作用、黏塑性作用、堆石弹塑性变形以及相互作用导致的滑移破裂等，建立多场耦合下的确定性有限元模型。

(2) 揭示各变形分量相对大小及其对大坝安全的影响。

研究水压分量、温度分量、时效分量与不同应力路径下的变形演化，分析不同物理分量对大坝应力的影响以及产生的变形的大小。分析影响大坝安全的影响因素。

(3) 提出面板堆石坝的实测变形分量分离方法。

研究面板堆石坝实测分量与应力路径的相关性，提出实测变形分量分离方法，分离出自由变形以及反映大坝安全的有害变形。从而为变形监控指标拟定和预警模型的建立奠定基础。

参考文献

[1] 刘海成.碾压混凝土拱坝温度应力与诱导缝开裂分析[D].大连:大连理工大学,2004.

[2] 郝巨涛.用界面断裂力学方法分析碾压混凝土坝的层间断裂问题[J].水利水电技术,1996,34(9):48-51.

[3] ZHANG C H, WANG G L, WANG S M, et al. Experiment tests of roller compacted concrete and nonlinear fracture analysis of study of roller compacted concrete dams[J].Journal of materials in civil engineering, 2002, 14 (2):108-115.

[4] Cervera M, Oliver J, Prato T. Simulation of construction of RCC dams II: stress and damage[J]. Journal of Structure engineering, 2000, 126(9): 1062-1068.

[5] 沈英,曾昭扬,周立峰.碾压混凝土坝层面的剪切断裂分析[J].力学学报, 1994,26(6):679-689.

[6] 钱家欢,殷宗泽.土工原理与计算[M].北京:中国水利水电出版社,1996.

[7] DUNCAN J M, CHANG C Y. Nonlinear analysis of stress and strain in soils [J]. ASCE soil mechanics and foundation division journal, 1970, 96(5): 1629-1653.

[8] DUNCAN J M, WONG K S, MABRY P. Strength, stress-strain and bulk modulus parameters for finite element analysis of stresses and movements in soil masses[J].Journal of consulting & clinical psychology, 1980, 49(4):554-67.

[9] 谢定义,姚仰平,党发宁.高等土力学[M].北京:高等教育出版社,2008.

[10] 张飞,费文平.本构模型对面板堆石坝应力变形的影响[J].陕西水利,2017 (5):151-154,157.

[11] 韩雪.混凝土面板堆石坝应力变形有限元分析[J].黑龙江水利科技,2017,45 (6):19-22.

[12] 潘家军,王观琪,程展林,等.基于非线性剪胀模型的面板堆石坝应力变形分析 [J].岩土工程学报,2017,39(S1):17-21.

[13] 蒙东俊,解凌飞,唐浩.老挝南涧河面板堆石坝方案三维变形应力分析[J].红水河,2014,33(4):41-45.

[14] 李炎隆,涂幸,王海生,等.混凝土面板堆石坝面板应力变形仿真计算[J].西北农林科技大学学报(自然科学版),2014,42(9):211-218.

[15] 周慧敏,梅明荣.大坝及其周围地质体中渗流-温度-应力耦合的研究综述[C]//中国力学学会.庆祝中国力学学会成立 50 周年暨中国力学学会学术大会'2007 论文摘要集(下).

[16] 孙丰.考虑渗流场与应力场耦合的面板堆石坝稳定性分析[J].山东工业技术,2016(12):216.

[17] 王磊.基于水岩耦合的面板堆石坝参数动态反演[J].水利规划与设计,2017(6):70-72.

[18] 邢万鹏.基于混凝土面板堆石坝原型观测资料的分析与安全评价[D].昆明:昆明理工大学,2011.

[19] 孙杰.面板堆石坝的材料参数反演及监控模型研究[D].南昌:南昌大学,2013.

[20] 赵新瑞,黄耀英,左全裕,等.基于时空分布模型的混凝土面板堆石坝挤压边墙变形监测资料分析[J].水利水电技术,2016,47(10):29-33,49.

[21] 袁斌,黄耀英,赵新瑞,等.涔天河面板堆石坝施工期变形监测资料及参数反演分析[J].水利水电技术,2018,49(1):82-89.

[22] 肖浩波.面板堆石坝变形特性及分析模型研究[D].南京:河海大学,2006.

[23] 李民,李珍照.用数字滤波法从大坝测值中分离出时效分量初探[J].武汉水利电力大学学报,1995,28(2):137-142.

[24] 方国宝.面板堆石坝堆石体湿化变形分析方法研究[D].南京:河海大学,2007.

[25] 柳利利.偏最小二乘回归在大坝安全监测资料分析中的应用研究[D].西安:西安理工大学,2008.

[26] 张婷婷,陈宇清,付慧.大坝效应量及其分量分离的影响因素分析[J].水利科技与经济,2011,17(1):56-57.

[27] 宫经伟,周宜红,黄耀英,等.考虑温度历程的早龄期大坝混凝土自生体积变形分离方法现场试验[J].四川大学学报(工程科学版),2012,44(4):90-95.

[28] 王娟.基于盲源分离和相关向量机的大坝安全监测研究[D].西安:西安理工大学,2017.

9 工 程 实 例

9.1 高碾压混凝土重力坝

9.1.1 地理位置

汾河二库水利枢纽工程位于太原市西北 30 km 的汾河干流上,坝址左岸隶属太原市阳曲县,坝址右岸隶属于太原市尖草坪区,坝址以上控制流域面积 7 616 km²,其中汾河水库至汾河二库区间流域面积 2 348 km²。区间年径流 1.45 亿 m³。

9.1.2 河流水系

汾河为黄河一级支流,也是山西省内第一条大河,发源于宁武县的管涔山南麓,由北向南流经宁武县及静乐县,于娄烦县静游镇流入汾河水库,出汾河水库经古交峡谷,后经过汾河二库,由兰村出山口流经太原盆地,至灵石县又进入灵霍山峡,向西南流经临汾盆地,至万荣县汇入黄河,汾河全长约 716 km,流域面积 39 471 km²。汾河干流可分为上、中、下游三段,其中太原北郊兰村以上为上游段,兰村至义棠段为中游段,义棠以下为下游段。

汾河上游段河道长 217 km,流域面积 7 705 km²,属山区性河流,干流饶行于峡谷之中,平均比降 4.4‰。河道蜿蜒曲折,穿行于高山峡谷中,两岸为石质山区,沟谷深切于基岩石槽中,山谷谷深,谷道弯曲,为典型高山峡谷区。汾河干流两侧和支流岚河中下游地区,基本被黄土覆盖,为中山黄土梁峁沟壑地貌,植被较少,水土流失严重。

位于上游的汾河水库于 1958 年 7 月动工兴建,1961 年 6 月建成投入运行,坝址以上控制流域面积 5 268 km²。汾河水库以上主要支流有洪河、鸣水河、万辉沟、西贺沟、界桥沟、西碾河、东碾河、岚河等,其中东碾河和岚河水土流失严重,是汾河水库泥沙的主要来源。30多年来汾河水库一直采用拦洪蓄水的运行方式,水库泥沙淤积比较严重。

汾河水库至汾河二库区间主要有狮子河、天池河、屯兰河、原平河、大川河和柳林河等6条较大的季节性河流汇入,该段水文下垫面主要为灰岩灌丛山地,属于灰岩强渗漏带,对洪水产流有较大影响。

9.1.2　水文气象

汾河水库至汾河二库区间年平均降水量为490 mm,年平均降水日数80天;汾河二库年平均气温9.5℃,月平均最高气温29.5℃(七月份),月平均最低气温－13.0℃(一月份);年平均水面蒸发深度968 mm;最大冻土深度100 cm;平均无霜期170天。

流域洪水主要由暴雨形成,暴雨的地区分布不均,大面积暴雨发生次数较少,常以局部洪水为主。流域内降水年内分配不均,大洪水多发生在7—8月,最早涨洪时间为5月上旬,最晚为10月下旬。

汾河水库至汾河二库位于古交山峡区间,河谷狭窄,河道较陡,洪水暴涨暴落,峰型多为历时短、尖瘦的峰。通常暴雨历时较短,一般洪水历时仅1~3天,形成的洪水峰大量小。汾河水库上游流域内与汾河水库至二库区间洪水相遇机会较少。

9.1.3　水库基本特性

汾河二库主要由大坝、供水发电洞和引水式发电站等建筑物组成。总库容1.33亿 m³,水库工程规模为大型,工程等别为Ⅱ等,主要建筑物拦河大坝、供水发电洞为2级建筑物,引水式发电站为4级建筑物。防洪标准按100年一遇洪水设计,1 000年一遇洪水校核,水库正常蓄水位905.70 m,死水位885.00 m,汛限水位905.70 m,设计洪水位907.32 m,设计泄量3 450 m³/s,校核洪水位909.92 m,校核泄量5 168 m³/s。工程原地震设计烈度为7度。根据《中国地震动参数区划图》(GB 18306—2015),坝址区地震基本烈度为Ⅷ度。

工程于1996年11月开工建设,1999年12月下闸蓄水,2007年7月主体工程竣工验收。2014年实施了应急专项除险加固工程,主要加固内容包括大坝下游F10断层混凝土连续墙加固及固结灌浆,左岸防渗墙下岩基固结灌浆和帷幕灌浆,右坝肩上游帷幕灌浆,左、右坝肩下游帷幕灌浆,坝基接触灌浆和坝体并缝灌浆,廊道自动排水系统改造。2016年9月通过了应急专项除险加固工程竣工验收。

　　汾河二库碾压混凝土坝高度近 83 m,在同类型中居前列。大坝运行过程中可能遭受特殊荷载、极端气候等各种不利因素影响,一旦失事将会造成国民经济和人民生命财产的巨大损失。国内外溃坝事件表明,溃坝是个从渐变到突变的过程。初始时大坝出现一些小的缺陷或故障,当这些缺陷或故障发展到一定程度时,大坝安全性态就会迅速恶化,从而导致溃坝发生。若能及时收集大坝监测资料,分析和评价大坝的安全性态,就可以避免溃坝的发生。监测指标是评价和监测大坝安全的重要指标,对于监测大坝等水工建筑物的安全运行具有相当重要的作用。若大坝的监测值小于安全监测指标,大坝即是安全的。否则,大坝可能出现安全问题。此时,应分析安全问题出现的原因,且采取对应措施,确保大坝安全。

　　制定科学合理的监测指标是大坝安全监测体系的核心和关键所在。标准过宽会遗漏险情信号,导致灾变。标准过严则可能酿成险情谎报,干扰正常运行,甚至影响工程效益的正常发挥。针对大坝自身特点,设置特定的安全监测项目,对其变形与稳定等进行全面监测与分析,可以实现大坝安全性态的综合评价,以保证大坝的安全运行。常见的监测指标有变形监测指标、渗流和扬压力监测指标、应力监测指标等。根据国内外大坝安全监测的实践经验,变形易于观测、精度高,是大坝安全最主要的监测量。本书采用三维弹塑性有限元法对汾河二库碾压混凝土坝的位移进行计算,并结合实测数据,确定汾河二库碾压混凝土坝的变形监测指标,供大坝实际运行观测时参考。

9.1.4　主要水工建筑物

9.1.4.1　大坝

　　大坝为碾压混凝土重力坝,坝轴线距上游玄泉寺约 500.00 m,坝址处为"U"型河谷,上下游河道顺直,河道较窄,河床两岸下部陡峭,上部较舒缓。坝基齿槽开挖高程 824.00 m,坝顶高程 912.00 m,最大坝高 88.00 m,坝顶长 227.70 m,坝顶宽度 7.50 m。坝体上游面 857.70 m 高程以下坡比为 1∶0.2,以上为垂直坡;坝体下游 900.93 m 高程以下坡比为 1∶0.75,以上为垂直坡。坝顶上游侧设 1.20 m 高防浪墙。

　　大坝分左岸挡水坝段、溢流表孔坝段、泄流冲沙底孔坝段、右岸挡水坝段 4 个坝段。坝体中部为 48.00 m 长溢流表孔坝段,设 3 孔净宽 12.00 m 的溢流表孔,堰顶高程为 902.00 m,设 3 扇 12.00 m×6.50 m 弧形工作门,最大泄量

1 578.00 m³/s;设有叠梁式检修门,闸墩顶面 912.00 m,有宽 7.50 m 的交通桥与两端坝顶相连。溢流表孔坝段的下游消能为挑流式消能,挑流鼻坎高程为 861.70 m。

溢流表孔两侧对称布置 2 孔泄流冲沙底孔,两坝段长度均为 25.60 m。泄流冲沙底孔为坝内长压力孔道,进口孔口尺寸为 5.80 m×7.20 m,底高程为 859.00 m,设有平板事故检修门,坝顶设有启闭机室,地板高程 926.00 m;出口断面尺寸为 5.60 m×6.00 m,出口挑坎高程 862.05 m,最大泄量 3 590.00 m³/s,设有弧形工作门和启闭机室。

两岸非溢流挡水坝段总长 128.50 m,其中右岸长 73.60 m、左岸长 54.90 m。挡水坝段基本断面为三角形,顶点在坝顶,坝顶高程 912.00 m,坝顶宽 7.50 m,最大坝高 88.00 m。上游坝面 857.70 m 高程以上坝坡面为竖直面,以下坡比为 1:0.2;下游侧 900.93 m 高程以下坡比为 1:0.75,以上为竖直面。

左岸挡水坝段与岸坡连接处设有 150.00 m 长混凝土防渗墙,墙体厚 0.80～1.00 m,墙顶高程 912.00 m,最大墙深 20.50 m,大坝与墙体相接处设黏土防渗裹头。大坝与右岸高程 908.00 m 灌浆引张线隧洞联接段长 22.30 m。

坝内布置有帷幕灌浆排水廊道、排水廊道和观测廊道共 14 条,前两种廊道兼有观测和交通之用。灌浆帷幕排水廊道设于坝体内上游侧底部,主河床段廊道底高程 832.20 m,岸坡基础纵向坡度陡于 45°。灌浆排水廊道位于主河床坝段坝体内下游,廊道底高程 830.20 m。纵向廊道净断面尺寸为 2.50 m×3.50 m(宽×高)。坝基设有 3 道横向廊道,断面尺寸为 2.50 m×3.00 m(宽×高)。坝体 908.00 m 高程设一纵向观测廊道,断面尺寸为 1.50 m×3.00 m(宽×高)。纵向廊道之间有竖井连接,横向廊道与上下游灌浆帷幕排水廊道相通。

大坝设 3 条横缝,将坝体分为 4 个坝段,即左、右岸挡水坝段,泄流冲沙底孔坝段和溢流表孔坝段。横缝不留缝宽,大坝上游防渗层有两种止水铜片,大坝下游水下横缝设橡胶止水。纵向廊道穿越大坝横缝部位,沿廊道周围设一道封闭的橡胶止水带。大坝不设纵缝。

在坝体上游的基础灌浆排水廊道和 908.00 m 高程的观测廊道组成的立面上设置坝体排水系统,坝体排水管间距为 2.00 m,管径 25.00 cm。

9.1.4.2 供水发电洞

供水发电洞位于右岸山体,布置在右岸上游约 40.00 m 处。进口段长

17.80 m,主洞洞身段长 399.465 m,洞内径 4.00 m,出口段长 26.00 m,全长 443.265 m,进口底高程 871.00 m,出口底高程 859.02 m,纵坡 3‰,设计供水流量 80.0 m³/s。

供水发电洞在桩号洞 0+000 至 0+319.915 段,为供水发电泄洪共用段,桩号洞 0+319.915 至 0+417.265 段为供水泄洪共用段。发电支洞在桩号洞 0+319.915 与主洞相交,支 0+000 至支 0+110.910 段为发电支洞段,支洞内径 4.00/2.00 m,设计发电流量 36.50 m³/s。洞身采用钢筋混凝土衬砌。

进口段设喇叭口及闸室,进口底高程 871.00 m,进水口前半部分设分流中墩,进水口后半部分为单孔。整个进口段设喇叭口渐变段长 10.00 m,由进口前缘 8 m×7 m 渐变为竖井前断面孔口,尺寸 4.00 m×4.00 m。主洞洞身段为圆形有压洞,内径 4.00 m。供水发电洞进口设拦污栅 2 扇,事故检修闸门 1 扇。

隧洞在洞 0+083.000 至 0+114.765 段为水平曲线段,隧洞转弯半径 35.00 m,转角为 52°,其余隧洞段均为直线布置。隧洞纵坡为 0.03。

出口段设闸室及泄槽,在出口下游设底流消能明渠段及箱涵式交通桥。出口闸室位于悬泉寺"S"型河道中直线段中部台地,闸室底板高程 859.016 m,闸室长 26.00 m,宽 3.50 m,采用弧形闸门控制。挑流鼻坎紧接出口闸室,挑流鼻坎顶高程 860.80 m,挑角 24°,挑流鼻坎反弧半径为 25.00 m。

发电支洞在桩号洞 0+319.915 与主洞相接,总长 122.38 m,内径 4.00 m/2.00 m。桩号支 0+072.00 至支 0+078.33 为水平转弯段,转弯半径为 25.00 m,转角为 15°25′26″。桩号支 0+89.800 处设支洞 2,支洞 2 与支洞的夹角为 28°16′34″,洞径 2.00 m,采用钢板混凝土衬砌。在桩号支 0+110.910 处设支洞 3,支洞 3 与支洞的夹角也为 28°16′34″,洞径 2.00 m,采用钢板混凝土衬砌。

9.1.4.3 引水式发电站

发电工程布置在大坝下游右岸的二级阶地上,主要由发电引水支洞、主副厂房、升压站、尾水渠及防洪闸室等建筑物组成。电站最大水头 51.00 m,电站最小水头 24.40 m,设计水头 34.50 m,设计流量 36.50 m³/s,总装机容量 9 600 kW,年发电量 2.35×10⁷ kW·h。

电站场区地面高程 860.00 m。主副厂房平行布置,发电引水支洞位于右岸山体内,副厂房位于主厂房上游侧,升压站布置在厂房西侧,尾水渠及防洪闸位于主厂房北侧。厂区公路与右岸上坝公路相连。

主厂房长 43.50 m,宽 12.00 m,高 24.00 m,分为发电机层、水轮机层和蜗壳层。厂房内设 3 台发电机组,单机容量 3 200 kW,总装机容量 9 600 kW,水轮机型号为 HLA 551-1J-125,发电机型号为 SF 3200-16/2600。电站水轮机安装高程 853.40 m,水轮机层地面高程 855.5 m,发电机层地面高程 859.33 m,装配厂高程 860.16 m。

　　副厂房位于主厂房上游,长 43.50 m、宽 7.70 m、高 13.30 m,共分 3 层,下层地面高程 855.50 m,中层地面高程 860.20 m,上层地面高程 864.70 m。升压站由 2 台主变压器和 35 kV 开关站组成,地面高程 860.00 m。电站厂房后接 165.60 m 长的尾水渠,将尾水泄入河道。尾水渠及防洪闸全长 165.60 m,包括反坡收缩段、防洪闸室段、箱涵段,纵坡为 1/500。现场照片参见图 9.1.1 至图 9.1.7。

图 9.1.1　大坝下游坝面

图 9.1.2　坝顶路面

图 9.1.3　大坝上游坝面

图 9.1.4　溢流表孔溢流面

图 9.1.5　溢流表孔挑流坎

图 9.1.6　溢流表孔闸墩下游侧

图 9.1.7　溢流表孔闸墩上游侧

9.1.5　工程地质

9.1.5.1　地形

坝址区为中山峡谷地形,地形高差大于 300.00 m。坝线选在汾河的较平直段,该处河流流向 NE44°,河床高程 856.00 m,宽 125.00 m,两岸谷坡基本对称,下部谷坡近直立,往上逐渐变缓,高程 910.00 m 以上谷坡平缓。此段左岸发育2 条较大冲沟,沟间分布Ⅲ级阶地,阶面高程 900.00～960.00 m,基座型,基座高程 895.00～897.00 m。Ⅰ、Ⅱ级堆积阶地分布于坝址下游。

9.1.5.2　地层岩性

河床覆盖层砂砾石层厚 26.00～28.00 m。Ⅲ级阶地堆积物厚度近40.00 m,底部 2.00～3.00 m 为砂砾石,上部 5.00～31.00 m 为块碎石夹中细砂透镜体,表层 1.00～3.00 m 为壤土。两岸高程 940.00 m 以下基岩为奥陶系下统白云岩夹薄层状泥质白云岩,河床高程 830.00 m 以下为寒武系上统白云岩。

9.1.5.3 地质构造

坝址位于 NE 向悬泉寺短轴背斜的 NW 翼,地层产状 285°～300°/SW∠2°～4°。发育高倾角断层 4 条,其中 F_9、F_{10} 分别分布于大坝坝踵和坝趾附近,产状 300°～318°/SW∠75°～84°,F_9 规模较小,构造岩宽 0.01～0.05 m,方解石及泥钙质胶结;F_{10} 岸边部分规模较小,宽 0.30 m;河床部分由 4 条宽 0.10～0.50 m 小断层组成断层束,构成 10.00 m 宽的破碎带。

此外发育 NE 向缓倾角小断层 7 条,其中 F_1、F_2 分布河床,产状 46°/SE∠7°～10°。构造岩宽 0.10～0.90 m,充填碎石、岩屑、夹泥等。其余 5 条分布岸坡上,构造岩宽 0.01～0.40 m 不等。构造裂隙有 5 组,走向分别为 NWW、NW、NNE、NE、NEE 倾角陡立。

9.1.5.4 水文地质条件

岩体透水性与岩性关系密切,白云岩岩溶化程度较低,一般多为溶隙和孤立的小溶孔,但沿层面可见到小溶洞成层分布现象,在坝基开挖编录图上,两岸可见 4 层,分布高程在 846.00 m、856.00 m、866.00 m、875.00 m 附近。钻孔压水资料显示,两岸除表部 20.00 m 较大外,透水率一般小于几个 1 u,河床浅部通水率 0.20～13 001.00 u,在高程 785.00～790.00 m 处发育岩溶通道,透水率达 4 500.00～58 001.00 u。两岸地下水补给河床,但地下水位甚低,水力坡降仅为 0.5%～1.5%。

9.1.5.5 岩石物理力学指标

坝基寒武系上统白云岩的物理力学指标:容重 27.7～28.4 kN/m;饱和吸水率 0.13%～1.40%;饱和抗压强度 95.59～179.60 MPa;软化系数 0.67～0.93。奥陶系下统白云岩的物理力学指标:容重 27.0～28.3 kN/m;饱和吸水率 0.12%～0.83%;饱和抗压强度 67.00～239.00 MPa;软化系数 0.56～0.86。寒武系上统及奥陶系下统各层白云岩的物理力学指标虽有差异,但都属坚硬岩类。

9.2　高面板堆石坝

本书选择甘肃省的某高面板堆石坝作为工程实例研究,相关数据均来源于项目实测数据。该坝位于文县境内,流经甘肃省长江支流白龙江的中流段,距下游已建成的碧口水电厂 31.5 km,电站尾水与碧口水电厂水库回水衔接。2008年 8 月,工程获甘肃省发展和改革委员会核准施工,2014 年 6 月,水电站最后一台机组投入运行且各运行指标达到设计要求,标志着该电站机组全部成功投产发电。

该工程的任务以发电为主。枢纽建筑物主要由混凝土面板堆石坝、泄洪排沙洞、引水发电洞及岸边厂房组成。电站正常蓄水位 800 m,相应库容 2.68 亿m³,总装机容量 240 MW,设计年发电量 9.24 亿 kW·h,装机年利用 3 850 h。工程规模属二等大(2)型。主要建筑物挡水坝级别为 1 级,次要建筑物级别为 3级。大坝、泄洪建筑物设计洪水标准为 500 年一遇($P = 0.2\%$),校核洪水标准为 5 000 年一遇($P = 0.02\%$),其入库洪峰流量分别为 2 930 m³/s 和3 880 m³/s。

混凝土面板堆石坝最大坝高 111.0 m,坝顶长度为 348.2 m,坝顶宽度为10.0 m,上游综合坡比 1:1.4,下游综合坡比 1:1.55,坝顶高程 805.0 m,同时坝顶设有高度为 5.2 m 的"L"型防浪墙与面板相接。混凝土面板为不等厚,厚度 $t = 0.3 + 0.003H$。大坝两岸边坡为岩质边坡,岩体层面、断层与裂隙的分布和组合构成边坡不稳定岩体。

为保证大坝的安全运行,该工程配设了较为全面的安全监测系统,既包括上、下游水位,气温和降水量等常规监测项目,也涵盖大坝坝体的变形监测、沉降监测等监测项目,见图 9.2.1。

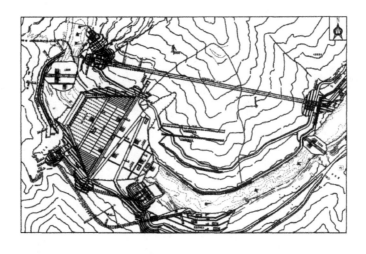

图 9.2.1 该面板堆石坝枢纽平面布置图

10 高碾压混凝土坝有限元分析

10.1 计算模型

10.1.1 计算范围与边界条件

本书在计算时采用了包含坝体和地基的空间整体三维模型,网格覆盖地基范围向上游、下游和深度方向取约 $1.5\sim2$ 倍坝高,左右岸方向平均取约 $1\sim1.5$ 倍坝高。具体计算范围:地基底面高程为 680 m,地基自坝踵向上游延伸约 150 m,自坝趾向下游延伸约 150 m。整体坐标系的 X 轴正向从上游指向下游;Y 轴正向沿坝轴从右岸指向左岸,Z 轴正向竖直向上;$z=0$ 设在地基计算范围最低高程上。整体三维模型如图 10.1.1 所示。

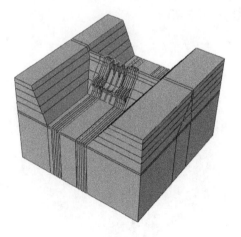
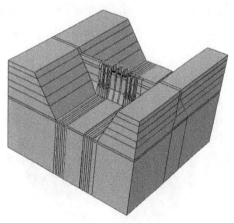

(a) 坝体-地基系统三维模型(下游视角) 　　(b) 坝体-地基系统三维模型(上游视角)

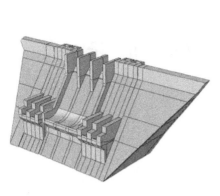 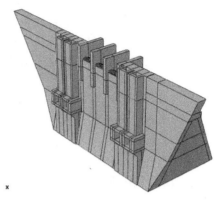

(c) 坝体三维模型(下游视角)　　　　　(d) 坝体三维模型(上游视角)

图 10.1.1　整体三维模型

地基上、下游面 X 方向位移约束,地基左、右侧面 Y 方向位移约束,地基底部 X、Y 和 Z 三向位移均约束。

10.1.2　网格剖分

三维整体模型的重力坝和地基均采用六面体八节点线性单元进行有限元网格剖分,整个重力坝-地基的有限元网格基本模拟了大坝的体形、结构和地基等,共计单元 83 532 个,节点 97 984 个,如图 10.1.2 所示。

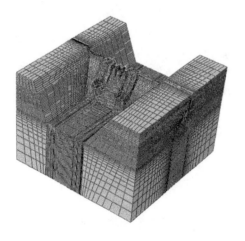 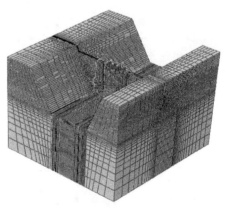

(a) 坝体-地基整体有限元网格图(下游视角)　　　(b) 坝体-地基整体有限元网格图(上游视角)

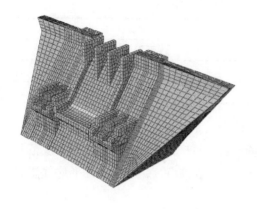 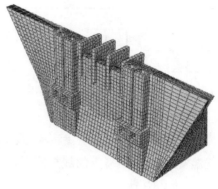

(c) 坝体有限元网格图(下游视角)　　　　(d) 坝体有限元网格图(上游视角)

图 10.1.2　有限元网格

10.1.3　计算荷载与组合

1. 荷载

计算考虑的荷载主要包括坝体自重、水压力、淤沙压力、渗透压力和温度荷载等。

(1) 坝体自重

根据坝体体积和混凝土容重求得。

(2) 静水压力

计算所用特征水位见表 10.1.1,水的重度采用 9.81 kN/m³。

表 10.1.1　水库运行期特征水位表

	上游水位(m)	相应下游水位(m)
正常蓄水位	905.00	855.70
设计洪水位	907.32	860.60
校核洪水位	909.92	863.00

(3) 渗流荷载

渗流荷载在应力场-渗流场耦合计算中计入。

(4) 淤沙压力

淤沙浮容重取 8.0 kN/m³,内摩擦角取 12°,坝前淤沙高程取值如表 10.1.2 所示。

表 10.1.2　各坝段坝前淤沙设计高程

坝段	高程(m)
挡水坝段	875.00
泄流冲沙底孔坝段	870.00
溢流坝段	875.00

（5）温度荷载

温度荷载在应力场-渗流场-温度场耦合计算中计入。边界温度根据规范和气温资料选取,混凝土的线热胀系数取 8×10^{-6}（1/℃）。坝址处月平均气温如表 10.1.3 所示。

表 10.1.3　坝址区月平均气温(℃)

月份	1	2	3	4	5	6
月平均气温(℃)	−6.7	−3	3.7	11.4	17.7	21.7
月份	7	8	9	10	11	12
月平均气温(℃)	23.5	21.9	16.1	10	2.1	−4.8

2. 荷载组合

三维整体多场耦合有限元计算工况包括以下荷载组合:

工况 1:正常蓄水位上下游静水压力＋坝体自重＋渗流荷载＋淤沙压力。

工况 2:设计洪水位上下游静水压力＋坝体自重＋渗流荷载＋淤沙压力。

工况 3:校核洪水位上下游静水压力＋坝体自重＋渗流荷载＋淤沙压力。

工况 4:设计洪水位上下游静水压力＋坝体自重＋渗流荷载＋淤沙压力＋温度升高。

工况 5:正常蓄水位上下游静水压力＋坝体自重＋渗流荷载＋淤沙压力＋温度降低。

10.1.4　材料参数

1. 混凝土

坝体混凝土材料力学参数取值如表 10.1.4 所示,热学参数如表 10.1.5 所示。

表 10.1.4　混凝土力学参数

混凝土标号	容重 (kN/m³)	弹性模量 (GPa)	泊松比	抗拉强度 (MPa)	抗压强度 (MPa)	渗透系数 (cm/s)
$R_{90}100$	25.3	20.9	0.167	2.9	24.5	0.783×10^{-8}
$R_{90}200$	25.3	26.9	0.167	3.2	34.1	0.261×10^{-8}

表 10.1.5　混凝土热学特性参数

项目	数值
导热系数 λ_c[kJ/(m·h·℃)]	10.6
比热容 c_c[kJ/(kg·℃)]	0.96
导温系数 a_c(m²/h)	0.004 5
表面放热系数 λ_c[J/(m²·s·℃)]	空气中:6.42＋3.83v_0
	水中:∞

注:v_0 为计算风速,m/s。

2. 岩体

坝基材料参数取值如表 10.1.6 所示。

表 10.1.6　坝基材料参数

岩体	容重 (kN/m³)	弹性模量 (GPa)	泊松比	内摩擦角 (°)	黏聚力 (MPa)	渗透系数 (cm/s)
薄层条带 白云岩 3f	28	19.5	0.26	36	2.3	1.74×10^{-5}
中厚结晶 白云岩 3f	28	59.4	0.26	37	3.1	1.74×10^{-5}
白云岩 O_1L	27	27	0.18	35	1.5	1.74×10^{-5}
白云岩 O_1Y	28	45.1	0.26	37	2.8	1.74×10^{-5}

10.2　计算结果与分析

有限元计算时,坝体和坝基均采用线弹塑性本构关系,屈服准则采用 Drucker-Prager 屈服准则。各工况下坝体位移和应力云图如图 10.2.1 至图 10.2.15 所示,分别为整体云图和各个坝段典型剖面云图(左挡水坝段典型剖面桩号 0＋71.5,右挡水坝段典型剖面桩号 0＋175.0,左底孔坝段典型剖面桩号 0＋91.8,右底孔坝段典型剖面桩号 0＋154.6,溢流坝段典型剖面桩号 0＋125.0)。顺河向位移以向下游为正,横河向位移以向左岸为正,竖向位移以向上为正,应力以拉为正。

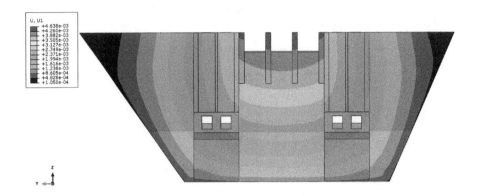

图 10.2.1(a)　坝体上游面顺河向位移(工况 1,m)

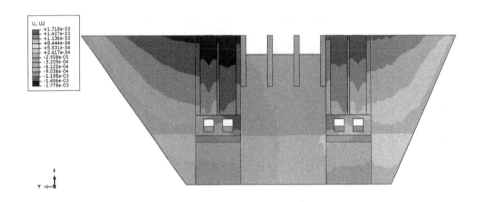

图 10.2.1(b)　坝体上游面横河向位移(工况 1,m)

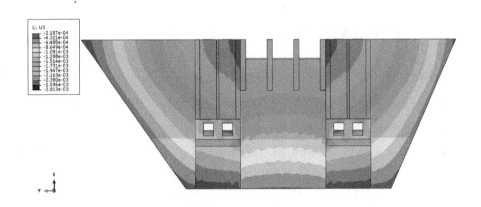

图 10.2.1(c)　坝体上游面竖向位移(工况 1,m)

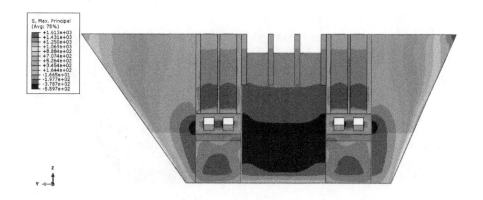

图 10.2.1(d) 坝体上游面主拉应力(工况 1,kPa)

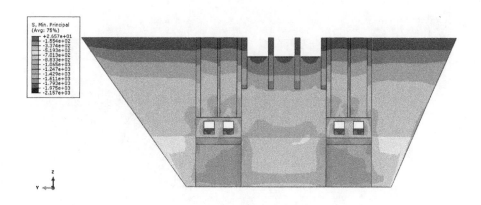

图 10.2.1(e) 坝体上游面主压应力(工况 1,kPa)

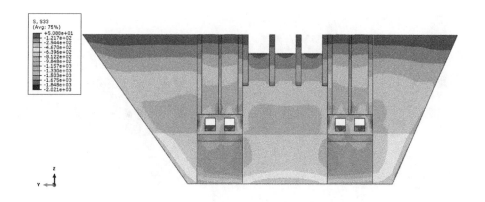

图 10.2.1(f) 坝体上游面竖向应力(工况 1,kPa)

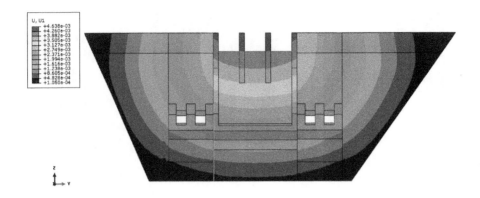

图 10.2.2(a)　坝体下游面顺河向位移(工况 1,m)

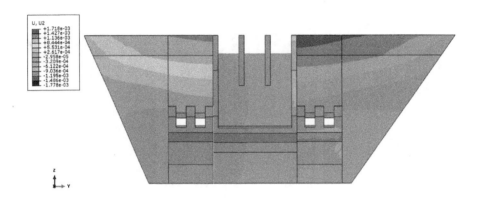

图 10.2.2(b)　坝体下游面横河向位移(工况 1,m)

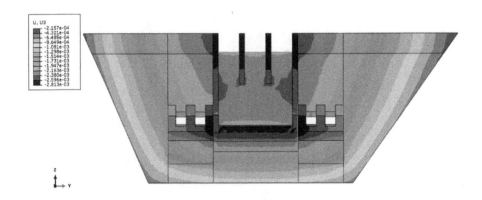

图 10.2.2(c)　坝体下游面竖向位移(工况 1,m)

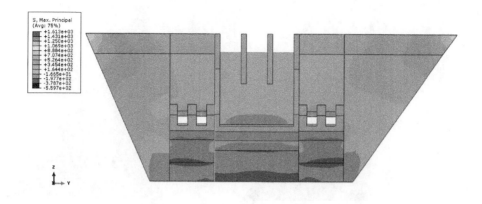

图 10.2.2(d)　坝体下游面主拉应力(工况 1,kPa)

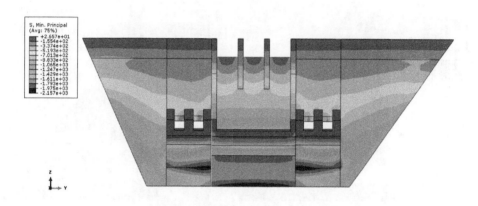

图 10.2.2(e)　坝体下游面主压应力(工况 1,kPa)

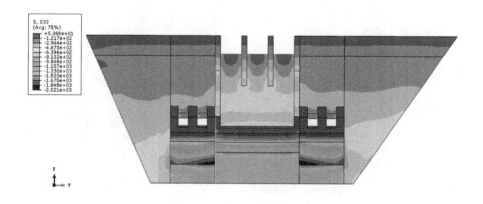

图 10.2.2(f)　坝体下游面竖向应力(工况 1,kPa)

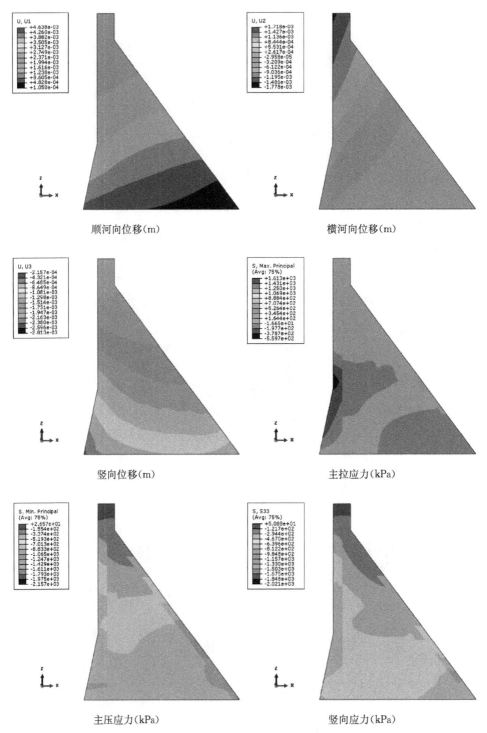

顺河向位移(m)

横河向位移(m)

竖向位移(m)

主拉应力(kPa)

主压应力(kPa)

竖向应力(kPa)

图 10.2.3(a)　左挡水坝段典型剖面位移和应力云图(工况 1)

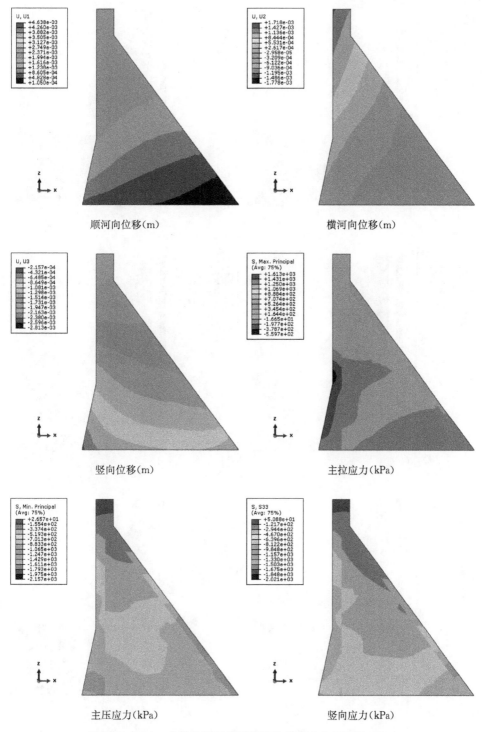

顺河向位移(m)　　　　　　　　　　横河向位移(m)

竖向位移(m)　　　　　　　　　　主拉应力(kPa)

主压应力(kPa)　　　　　　　　　　竖向应力(kPa)

图 10.2.3(b)　右挡水坝段典型剖面位移和应力云图(工况 1)

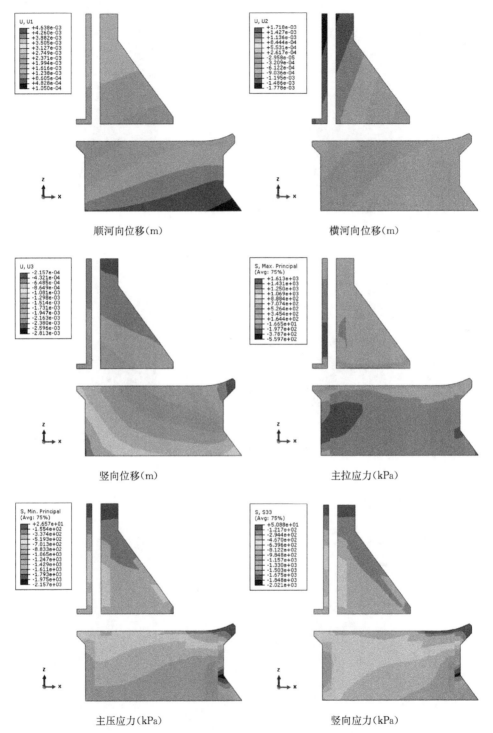

顺河向位移(m)

横河向位移(m)

竖向位移(m)

主拉应力(kPa)

主压应力(kPa)

竖向应力(kPa)

图 10.2.3(c) 左底孔坝段典型剖面位移和应力云图(工况 1)

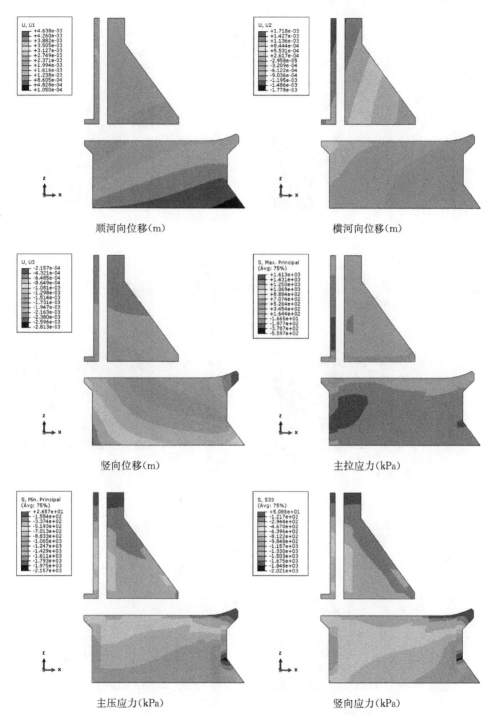

顺河向位移(m)   横河向位移(m)

竖向位移(m)   主拉应力(kPa)

主压应力(kPa)   竖向应力(kPa)

图 10.2.3(d)   右底孔坝段典型剖面位移和应力云图(工况 1)

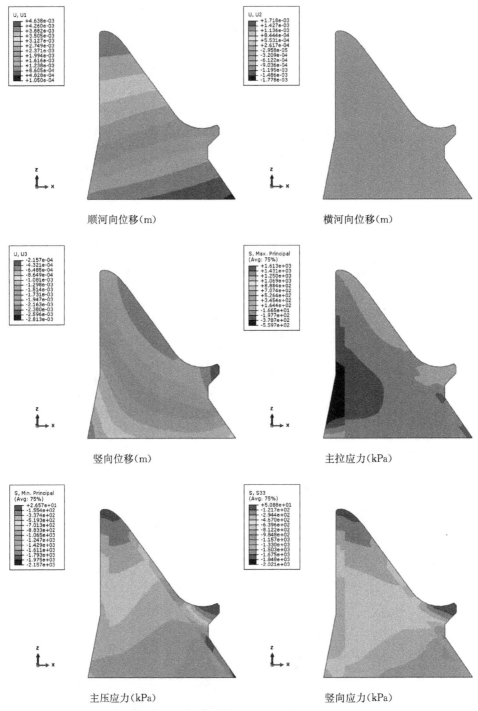

图 10.2.3(e)　溢流坝段典型剖面位移和应力云图(工况 1)

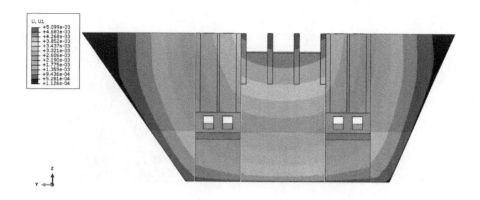

图 10.2.4(a)   坝体上游面顺河向位移(工况 2,m)

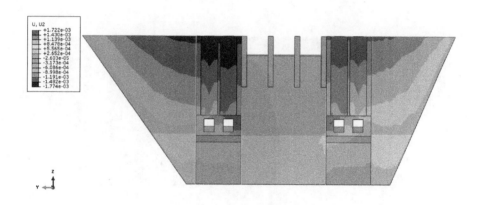

图 10.2.4(b)   坝体上游面横河向位移(工况 2,m)

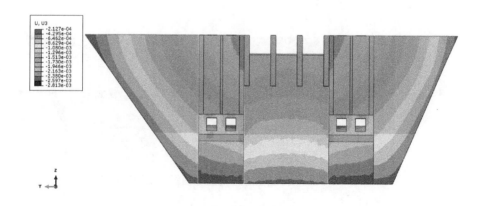

图 10.2.4(c)   坝体上游面竖向位移(工况 2,m)

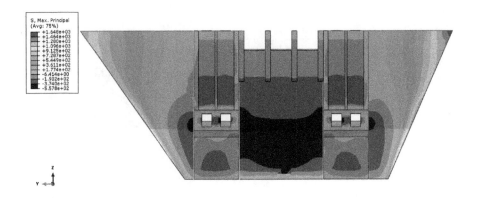

图 10.2.4(d)　坝体上游面主拉应力（工况 2，kPa）

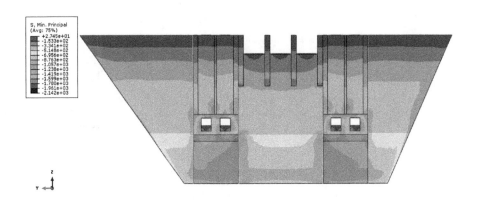

图 10.2.4(e)　坝体上游面主压应力（工况 2，kPa）

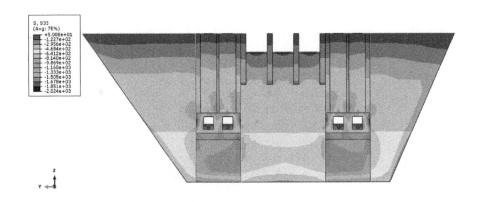

图 10.2.4(f)　坝体上游面竖向应力（工况 2，kPa）

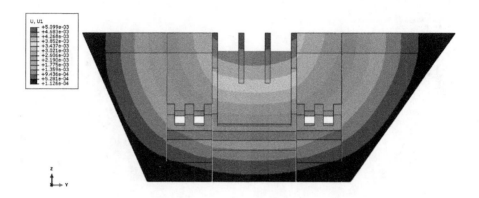

图 10.2.5(a)　坝体下游面顺河向位移(工况 2,m)

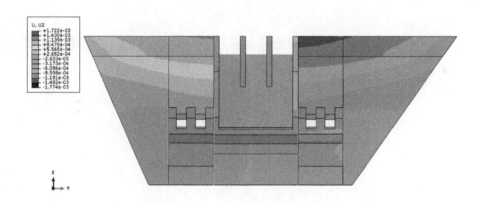

图 10.2.5(b)　坝体下游面横河向位移(工况 2,m)

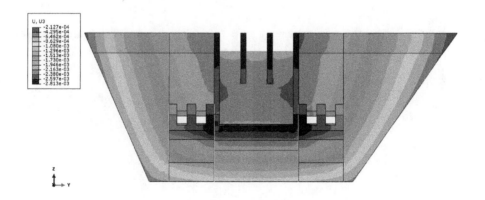

图 10.2.5(c)　坝体下游面竖向位移(工况 2,m)

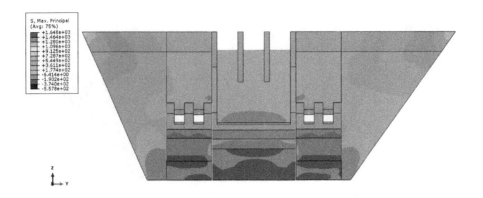

图 10.2.5(d) 坝体下游面主拉应力(工况 2,kPa)

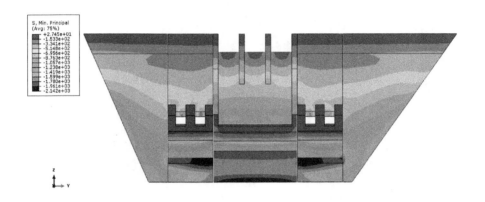

图 10.2.5(e) 坝体下游面主压应力(工况 2,kPa)

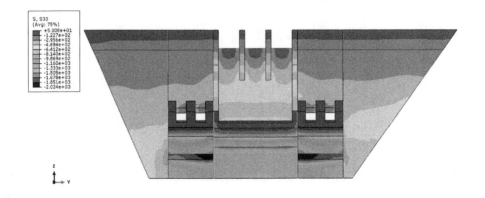

图 10.2.5(f) 坝体下游面竖向应力(工况 2,kPa)

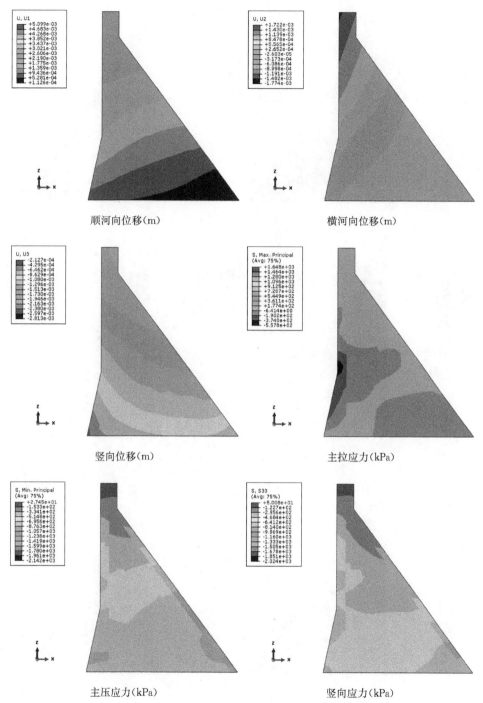

图 10.2.6(a)　左挡水坝段典型剖面位移和应力云图(工况 2)

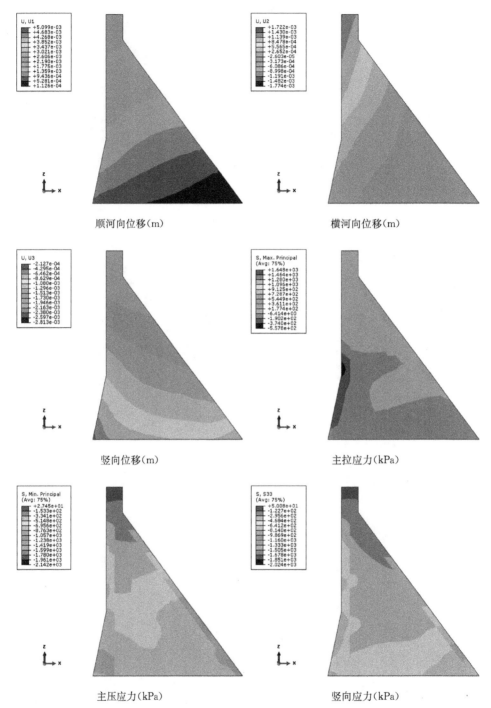

图 10.2.6(b)　右挡水坝段典型剖面位移和应力云图(工况 2)

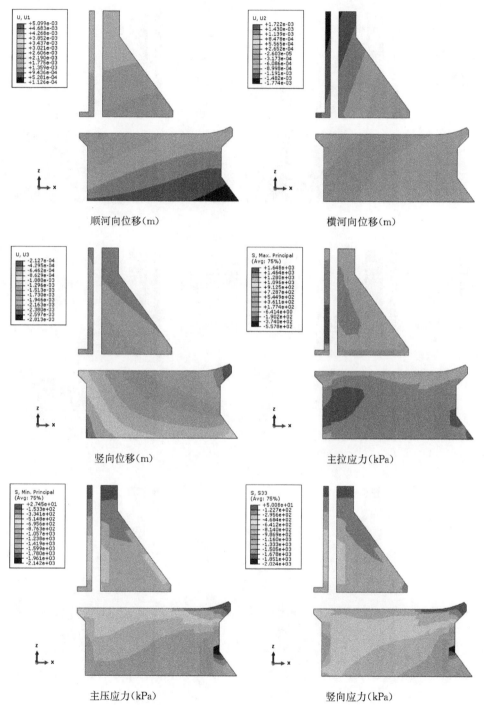

图 10.2.6(c)　左底孔坝段典型剖面位移和应力云图(工况 2)

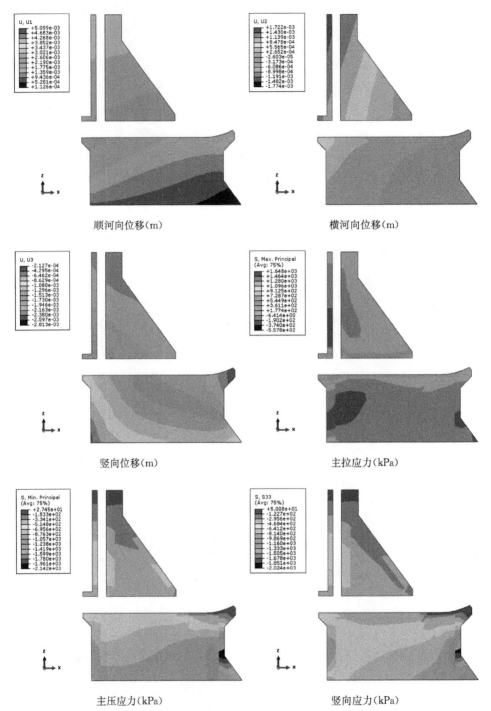

图 10.2.6(d)　右底孔坝段典型剖面位移和应力云图(工况 2)

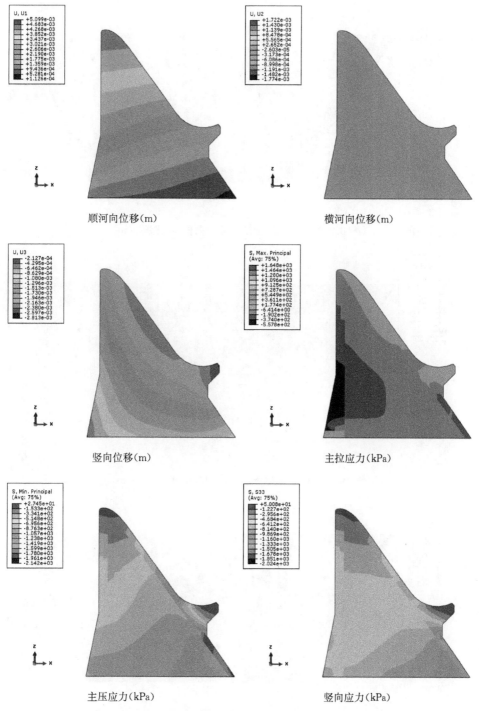

图 10.2.6(e) 溢流坝段典型剖面位移和应力云图(工况 2)

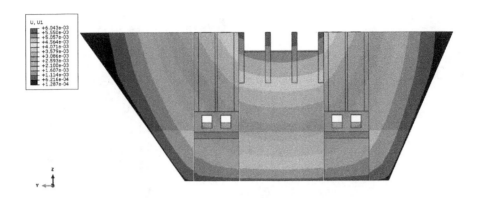

图 10.2.7(a)　坝体上游面顺河向位移(工况 3,m)

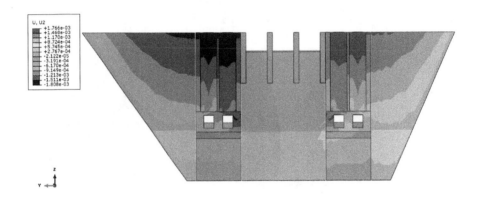

图 10.2.7(b)　坝体上游面横河向位移(工况 3,m)

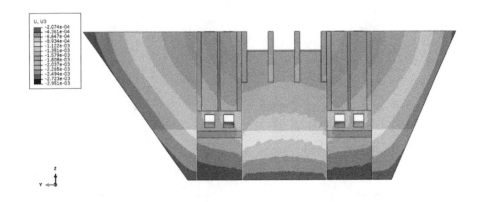

图 10.2.7(c)　坝体上游面竖向位移(工况 3,m)

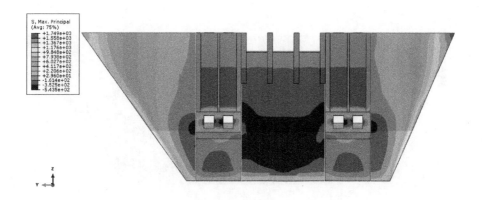

图 10.2.7(d) 坝体上游面主拉应力(工况 3,kPa)

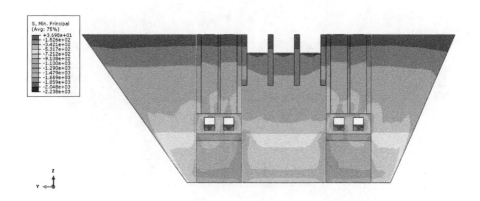

图 10.2.7(e) 坝体上游面主压应力(工况 3,kPa)

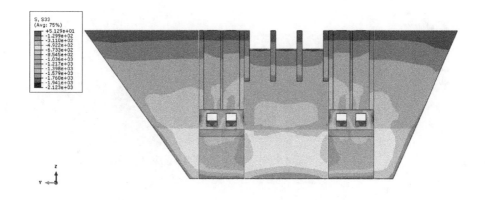

图 10.2.7(f) 坝体上游面竖向应力(工况 3,kPa)

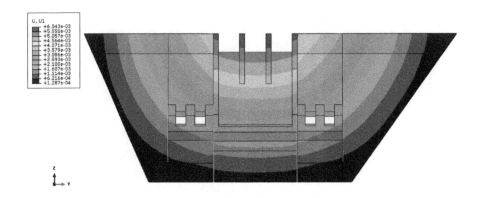

图 10.2.8(a) 坝体下游面顺河向位移(工况 3,m)

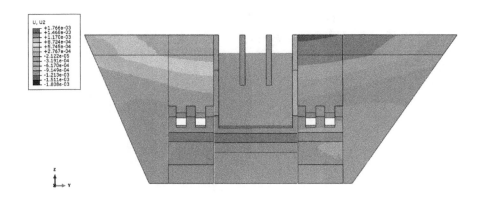

图 10.2.8(b) 坝体下游面横河向位移(工况 3,m)

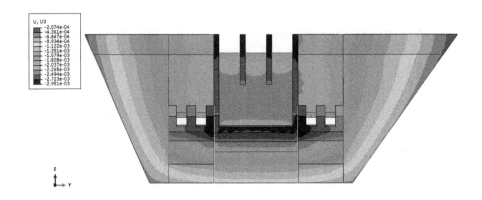

图 10.2.8(c) 坝体下游面竖向位移(工况 3,m)

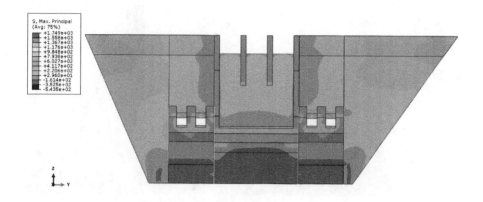

图 10.2.8(d)　坝体下游面主拉应力(工况 3,kPa)

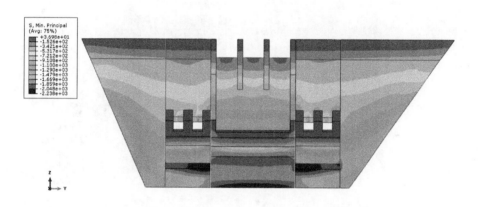

图 10.2.8(e)　坝体下游面主压应力(工况 3,kPa)

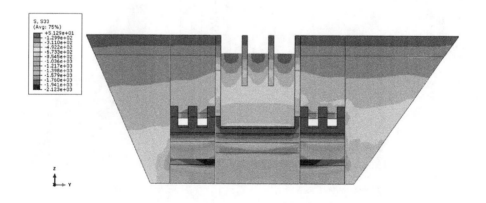

图 10.2.8(f)　坝体下游面竖向应力(工况 3,kPa)

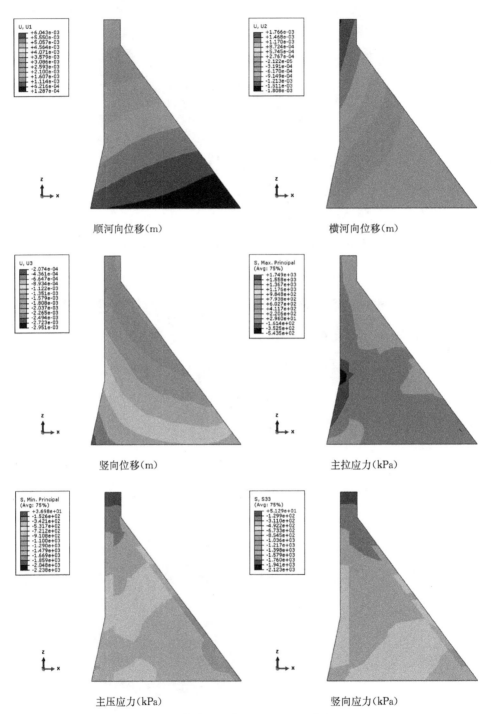

图 10.2.9(a)　左挡水坝段典型剖面位移和应力云图(工况 3)

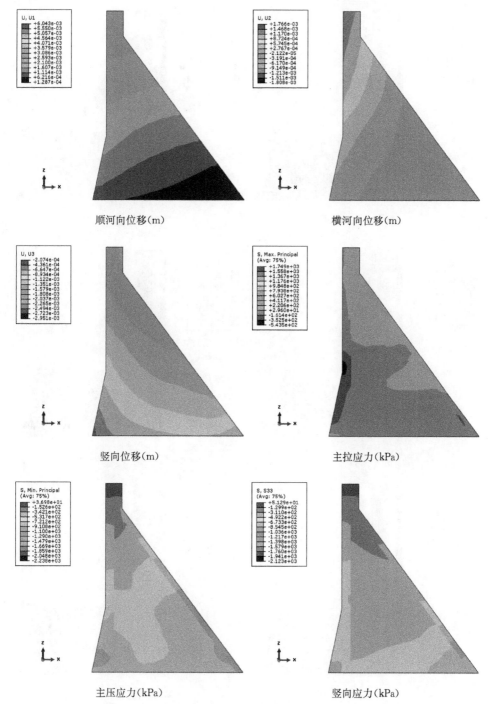

顺河向位移(m)　　　　　　　横河向位移(m)

竖向位移(m)　　　　　　　主拉应力(kPa)

主压应力(kPa)　　　　　　竖向应力(kPa)

图 10.2.9(b)　右挡水坝段典型剖面位移和应力云图(工况 3)

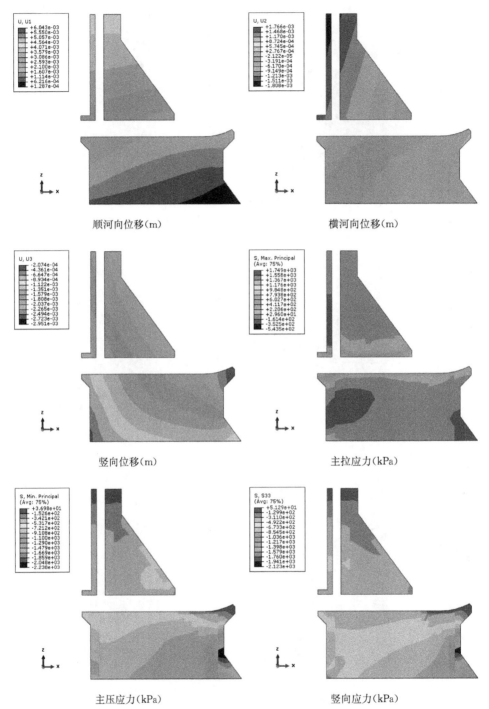

顺河向位移(m)　　　　　　　　　　横河向位移(m)

竖向位移(m)　　　　　　　　　　主拉应力(kPa)

主压应力(kPa)　　　　　　　　　　竖向应力(kPa)

图 10.2.9(c)　左底孔坝段典型剖面位移和应力云图(工况 3)

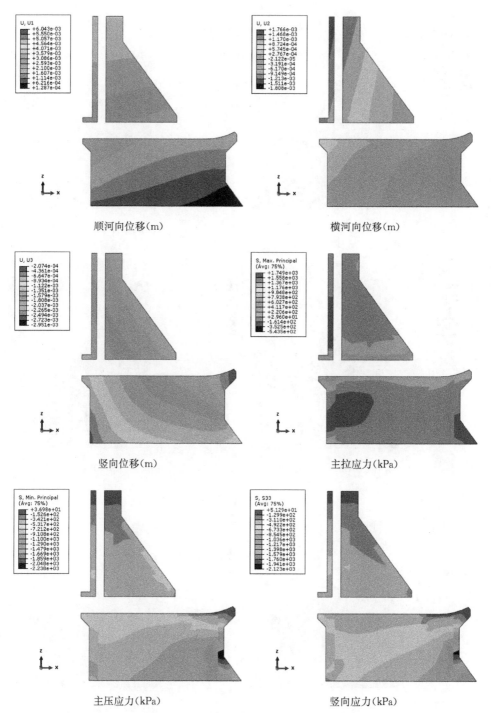

图 10.2.9(d) 右底孔坝段典型剖面位移和应力云图(工况 3)

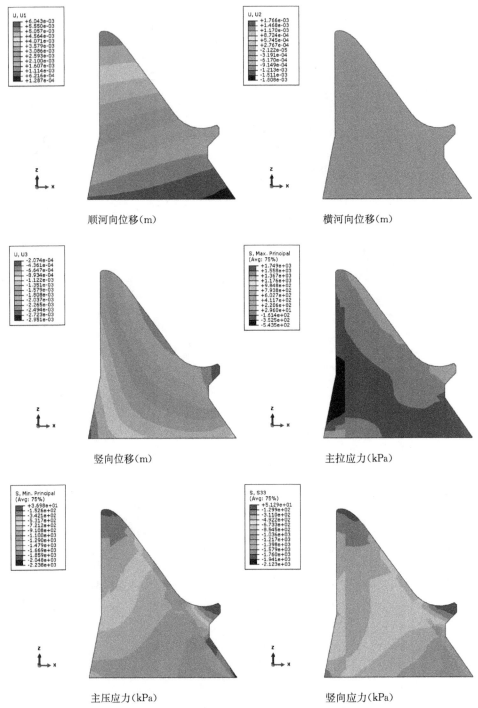

顺河向位移(m)

横河向位移(m)

竖向位移(m)

主拉应力(kPa)

主压应力(kPa)

竖向应力(kPa)

图 10.2.9(e) 溢流坝段典型剖面位移和应力云图(工况 3)

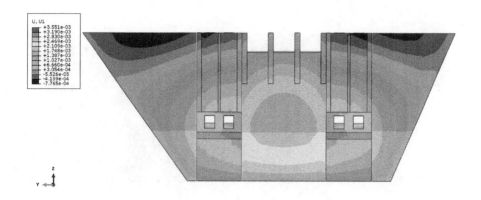

图 10.2.10(a) 坝体上游面顺河向位移(工况 4,m)

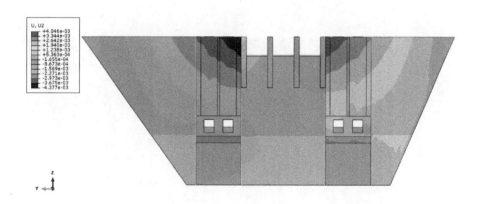

图 10.2.10(b) 坝体上游面横河向位移(工况 4,m)

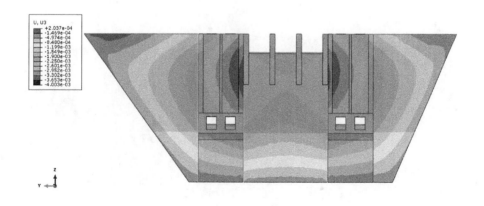

图 10.2.10(c) 坝体上游面竖向位移(工况 4,m)

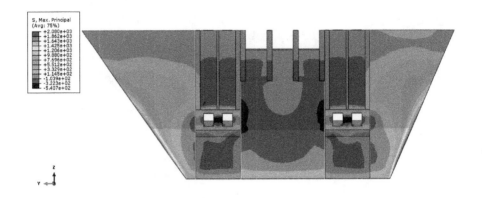

图 10.2.10(d) 坝体上游面主拉应力(工况 4,kPa)

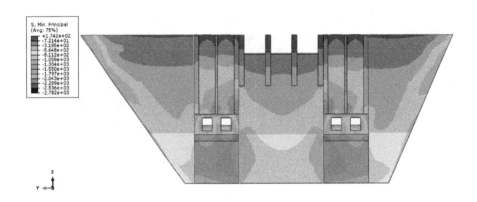

图 10.2.10(e) 坝体上游面主压应力(工况 4,kPa)

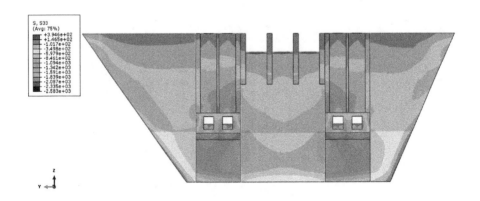

图 10.2.10(f) 坝体上游面竖向应力(工况 4,kPa)

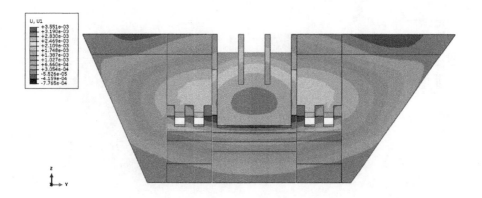

图 10.2.11(a)　坝体下游面顺河向位移(工况 4,m)

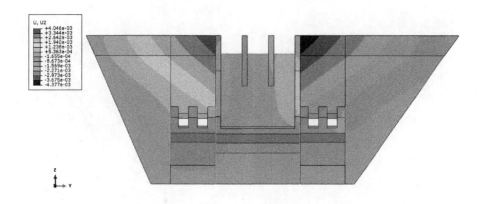

图 10.2.11(b)　坝体下游面横河向位移(工况 4,m)

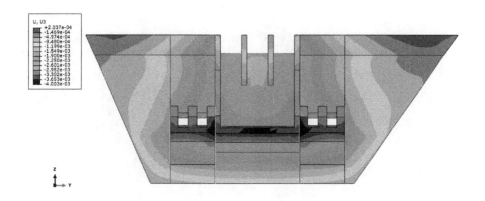

图 10.2.11(c)　坝体下游面竖向位移(工况 4,m)

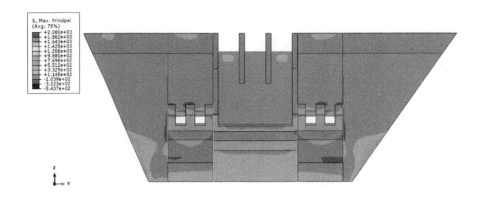

图 10.2.11(d)　坝体下游面主拉应力(工况 4,kPa)

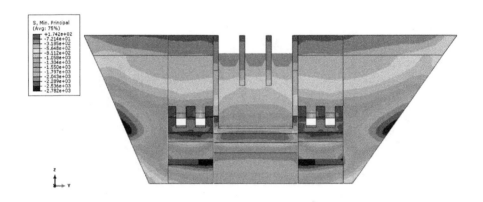

图 10.2.11(e)　坝体下游面主压应力(工况 4,kPa)

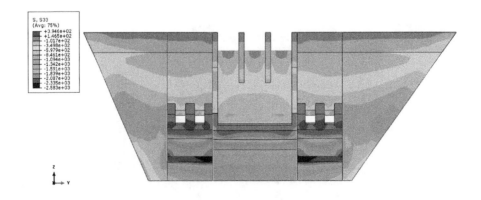

图 10.2.11(f)　坝体下游面竖向应力(工况 4,kPa)

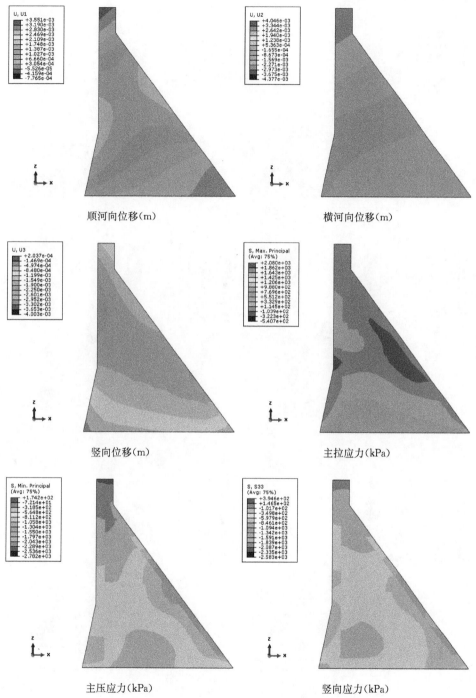

图 10.2.12(a)   左挡水坝段典型剖面位移和应力云图(工况 4)

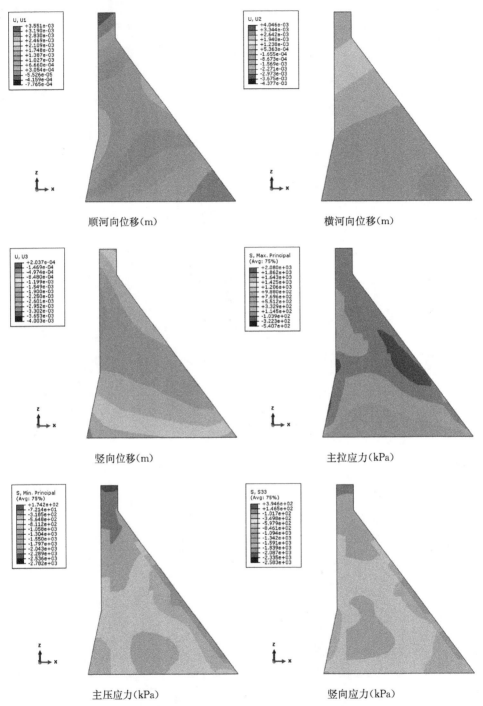

图 10.2.12(b)　右挡水坝段典型剖面位移和应力云图(工况 4)

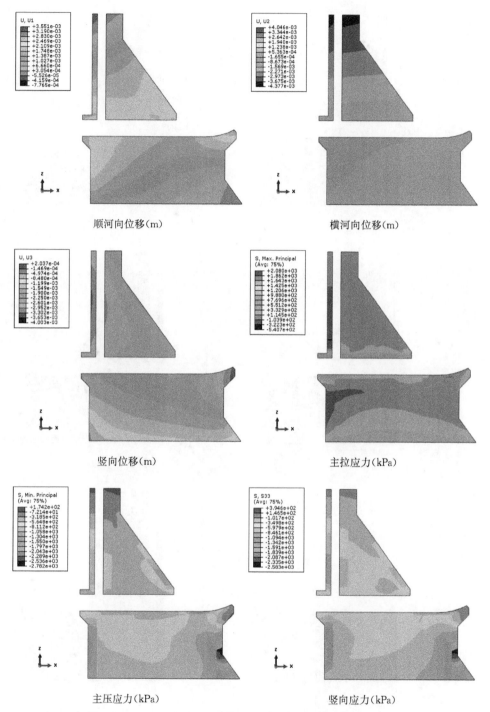

图 10.2.12(c)　左底孔坝段典型剖面位移和应力云图(工况 4)

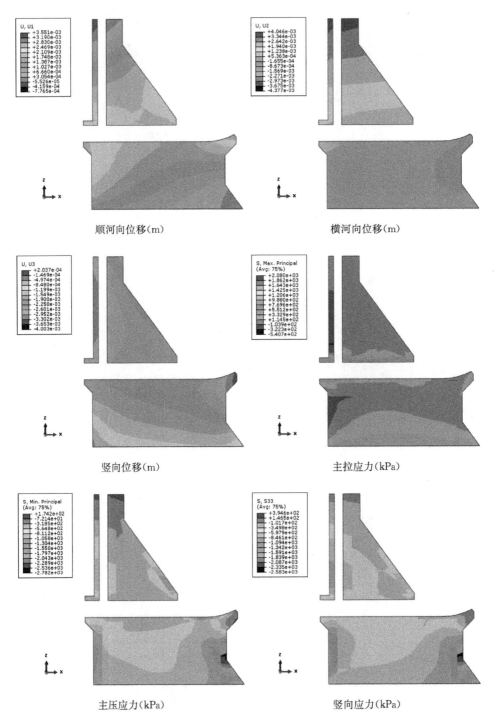

图 10.2.12(d)　右底孔坝段典型剖面位移和应力云图(工况 4)

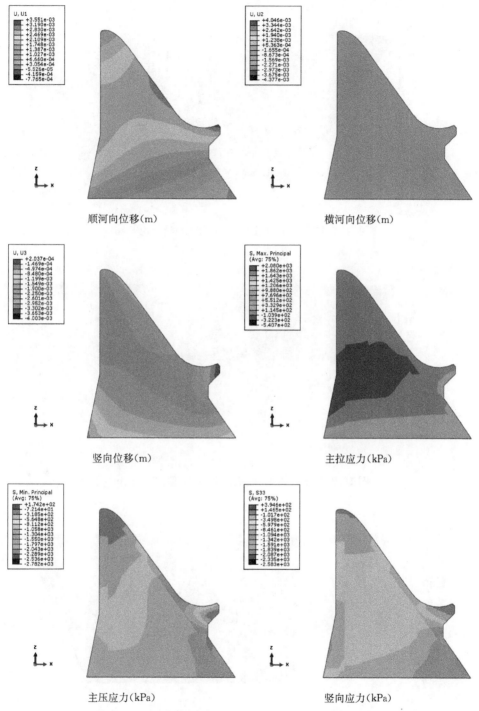

图 10.2.12(e)　溢流坝段典型剖面位移和应力云图(工况 4)

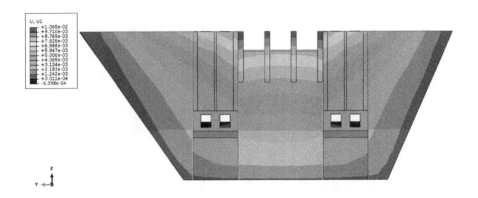

图 10.2.13(a)　坝体上游面顺河向位移(工况 5,m)

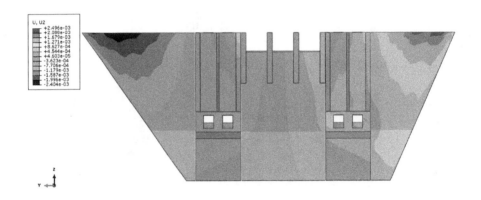

图 10.2.13(b)　坝体上游面横河向位移(工况 5,m)

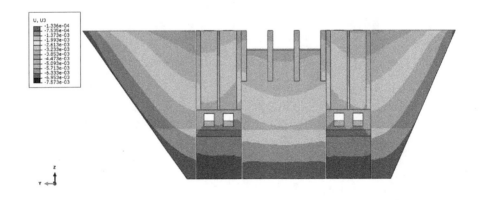

图 10.2.13(c)　坝体上游面竖向位移(工况 5,m)

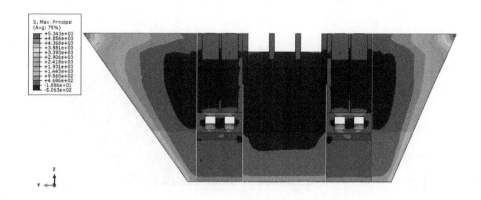

图 10.2.13(d)　坝体上游面主拉应力(工况 5,kPa)

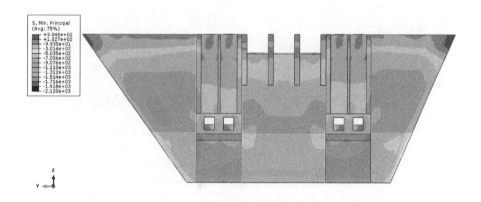

图 10.2.13(e)　坝体上游面主压应力(工况 5,kPa)

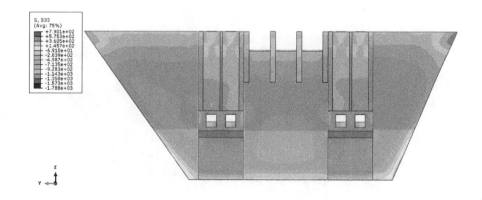

图 10.2.13(f)　坝体上游面竖向应力(工况 5,kPa)

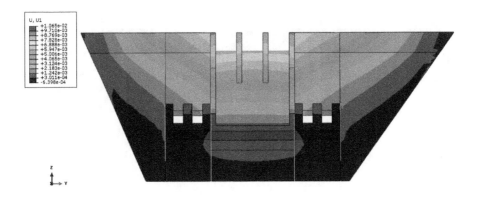

图 10.2.14(a)　坝体下游面顺河向位移(工况 5,m)

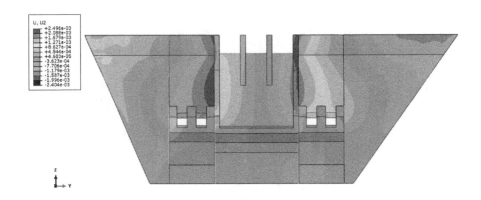

图 10.2.14(b)　坝体下游面横河向位移(工况 5,m)

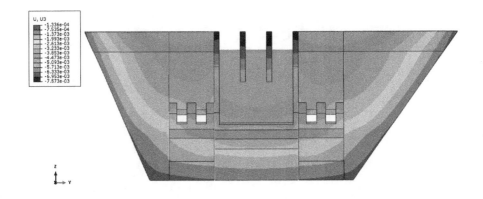

图 10.2.14(c)　坝体下游面竖向位移(工况 5,m)

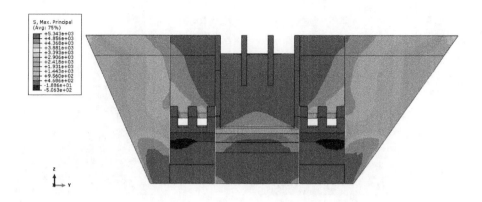

图 10.2.14(d) 坝体下游面主拉应力(工况 5,kPa)

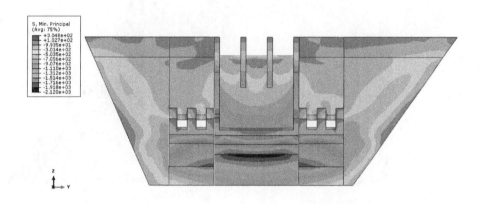

图 10.2.14(e) 坝体下游面主压应力(工况 5,kPa)

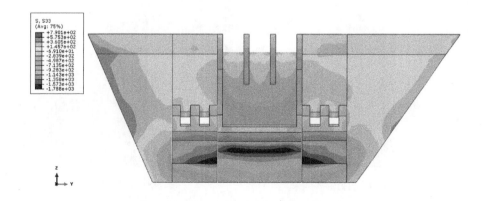

图 10.2.14(f) 坝体下游面竖向应力(工况 5,kPa)

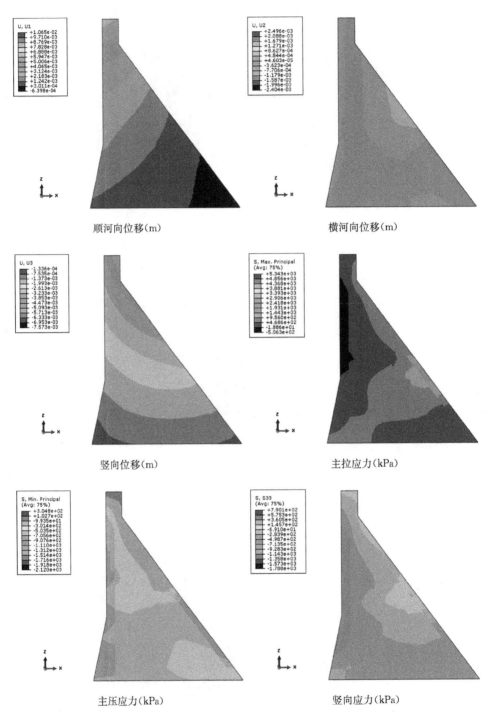

顺河向位移(m)

横河向位移(m)

竖向位移(m)

主拉应力(kPa)

主压应力(kPa)

竖向应力(kPa)

图 10.2.15(a)　左挡水坝段典型剖面位移和应力云图(工况 5)

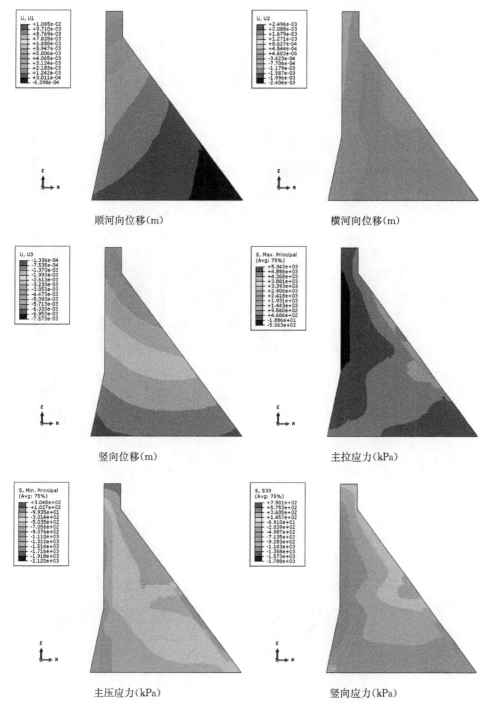

顺河向位移(m)

横河向位移(m)

竖向位移(m)

主拉应力(kPa)

主压应力(kPa)

竖向应力(kPa)

图 10.2.15(b)　右挡水坝段典型剖面位移和应力云图(工况 5)

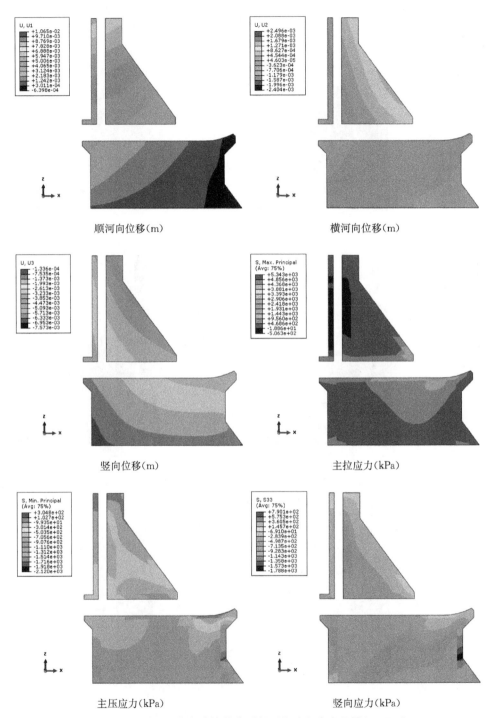

顺河向位移(m)　　　　　　　　　横河向位移(m)

竖向位移(m)　　　　　　　　　主拉应力(kPa)

主压应力(kPa)　　　　　　　　　竖向应力(kPa)

图 10.2.15(c)　左底孔坝段典型剖面位移和应力云图(工况 5)

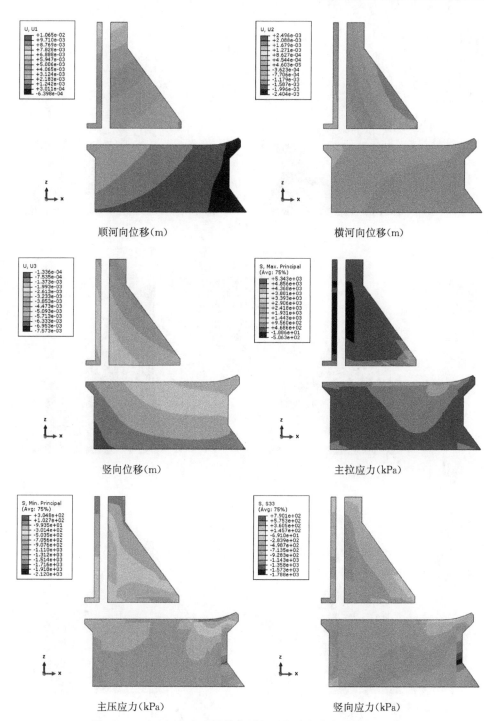

顺河向位移（m）   横河向位移（m）

竖向位移（m）   主拉应力（kPa）

主压应力（kPa）   竖向应力（kPa）

图 10.2.15(d)　右底孔坝段典型剖面位移和应力云图（工况 5）

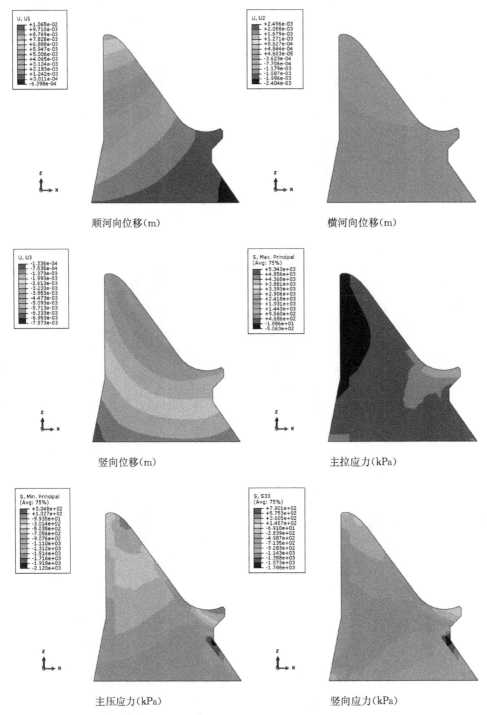

图 10.2.15(e)　溢流坝段典型剖面位移和应力云图(工况 5)

坝体位移将在下一章分析。坝体最大和最小应力如表 10.2.1 所示。坝体的主拉应力主要发生在容易产生应力集中的区域,如坝体与岸坡连接处、孔口、导墙等,拉应力区域都是很小的局部区域,最大值为 5.343 MPa,发生在工况 5(即温度降低工况)挡水坝段坝顶与左岸连接处。最大主压应力主要发生在坝体下游面转折处或者与岸坡连接处,最大值为 −2.782 MPa,发生在工况 4(即温度升高工况)左挡水段下游面 860 高程与左岸连接处。坝踵除了工况 5(即温度降低工况)有很小的局部拉应力外,其余均处于受压状态,坝趾压应力最大为 −1.651 MPa,发生在工况 4 的(即温度升高工况)的溢流坝段。

表 10.2.1　坝体应力(MPa)

工况	坝段	最大主拉应力		最小主压应力		坝踵竖向应力	坝趾竖向应力
		数值	发生部位	数值	发生部位		
工况 1	溢流坝段	0.199	挑流鼻坎	−2.134	坝趾	−0.316	−1.329
	底孔坝段	1.312	底孔进口门槽处	−2.157	左底孔段下游面 840 高程处	−0.300	−1.108
	挡水坝段	1.613	坝顶与左岸连接处	−2.010	左挡水坝段下游面 841 高程处	−0.246	−0.744
工况 2	溢流坝段	0.184	坝踵	−2.142	坝趾	−0.264	−1.352
	底孔坝段	1.383	底孔进口门槽处	−2.132	左底孔段下游面 840 高程处	−0.234	−0.822
	挡水坝段	1.648	坝顶与右岸连接处	−2.026	左挡水坝段下游面 841 高程处	−0.218	−0.749
工况 3	溢流坝段	0.300	坝踵	−2.233	坝趾	−0.154	−1.415
	底孔坝段	1.525	底孔进口门槽处	−2.238	左底孔坝段下游面 840 高程处	−0.102	−1.190
	挡水坝段	1.749	坝顶与右岸连接处	−2.133	左挡水坝段下游面 841 高程处	−0.167	−0.784

（续表）

工况	坝段	最大主拉应力		最小主压应力		坝踵竖向应力	坝趾竖向应力
		数值	发生部位	数值	发生部位		
工况 4	溢流坝段	0.520	坝踵	−2.199	坝段下游面847高程处	−0.887	−1.651
	底孔坝段	1.777	左底孔坝段底孔进口门槽处	−2.676	左底孔段下游面847高程处	−0.208	−1.031
	挡水坝段	2.080	右挡水段上游面与右岸连接844高程处	−2.782	左挡水段下游面与左岸连接860高程处	−0.053	−0.594
工况 5	溢流坝段	1.957	右端下游面857高程处	−2.081	坝段下游面847高程处	−0.018	−0.734
	底孔坝段	2.743	右底孔坝段下游面导墙连接处	−2.120	左底孔坝段底孔内	0.252	−0.606
	挡水坝段	5.343	坝顶与左岸连接处	−1.145	左挡水坝段下游面841高程处	0.131	−0.294

11 高碾压混凝土坝变形监控指标研究

11.1 变形计算结果分析

表 11.1.1 给出了有限元计算得到的各工况坝体最大位移。从坝体位移计算结果可以看出,顺河向的最大位移为 10.65 mm(指向下游),发生在工况 5(即温度降低工况)的溢流坝段,顺河向的最小位移为 -0.777 mm(指向上游),发生在工况 4(即温度升高工况)的挡水坝段;最大横河向位移为 -4.337 mm(左岸指向右岸)和 4.404 mm(右岸指向左岸),发生在工况 4(即温度升高工况)的底孔坝段;最大竖向位移为 -7.573 mm,发生在工况 5(即温度降低工况)的溢流坝段。

表 11.1.1 坝体最大位移(mm)

工况	坝段	最大顺河向位移		最大横河向位移				最大竖向位移	
		数值	发生部位	数值	发生部位	数值	发生部位	数值	发生部位
工况 1	溢流坝段	4.638	闸墩顶部下游侧	0.603	左边墩顶部下游侧	-0.565	右边墩顶部下游侧	-2.813	左边墩顶部
	底孔坝段	3.154	左底孔段坝顶	1.718	右底孔段坝顶	-1.778	左底孔段坝顶	-2.770	左底孔段右边墙下游端
	挡水坝段	2.208	左挡水段上游面 895 m 高程处	1.495	右挡水段坝顶	-1.566	左挡水段坝顶	-2.101	左挡水段坝顶

工况	坝段	最大顺河向位移		最大横河向位移				最大竖向位移	
		数值	发生部位	数值	发生部位	数值	发生部位	数值	发生部位
工况2	溢流坝段	5.099	闸墩顶部下游侧	0.603	左边墩顶部下游侧	−0.561	右边墩顶部下游侧	−2.811	左边墩顶
	底孔坝段	3.629	左底孔段坝顶	1.722	右底孔段坝顶	−1.774	左底孔段坝顶	−2.813	左底孔段右边墙下游端
	挡水坝段	2.627	左挡水段坝顶	1.489	右挡水段坝顶	−1.556	左挡水段坝顶	−2.020	左挡水段坝顶
工况3	溢流坝段	6.043	闸墩顶部下游侧	0.592	左边墩顶部下游侧	−0.581	右边墩顶部下游侧	−2.834	左边墩顶
	底孔坝段	4.627	左底孔段坝顶	1.766	右挡水段坝顶	−1.808	左底孔段坝顶	−2.951	左底孔段右边墙下游端
	挡水坝段	3.541	左挡水段坝顶	1.518	右挡水段坝顶	−1.572	左挡水段坝顶	−1.921	左挡水段坝顶
工况4	溢流坝段	3.543	导墙下游端顶部	2.591	左边墩顶部下游侧	−2.535	右边墩顶部下游侧	−3.720	挑流坎
	底孔坝段	3.551	右底孔段导墙下游端顶部	4.046	右挡水段坝顶	−4.337	左挡水段坝顶	−4.003	底孔段导墙下游端
	挡水坝段	−0.777	左挡水段坝顶	2.688	右挡水段坝顶	−3.026	左挡水段坝顶	−2.168	左挡水段坝上游面886 m高程处

工况	坝段	最大顺河向位移		最大横河向位移				最大竖向位移	
		数值	发生部位	数值	发生部位	数值	发生部位	数值	发生部位
工况 5	溢流坝段	10.65	左边墩顶部上游侧	1.770	右边墩中部下游侧	−1.814	左边墩中部下游侧	−7.573	闸墩顶部下游侧
	底孔坝段	8.598	左底孔段坝顶	1.924	右底孔段下游面 883 m 高程处	−1.991	左底孔段下游面 883 m 高程处	−5.060	左底孔段坝顶
	挡水坝段	6.550	左挡水段坝顶	2.496	右挡水段坝顶	−2.404	左挡水段坝顶	−5.025	左挡水段坝顶

大坝下游侧表面变形测点位置如表 11.1.2 和图 11.1.1 所示,图中第一排自右向左测点号为 P1 至 P8,第二排自右向左测点号为 P9、P10,第三排为 P11、P12。为了便于将计算值与实测值进行比较,给出了大坝下游侧表面变形第一排测点 P2 至 P8 的位移,如表 11.1.3(a)、(b)、(c)、(d)、(e)所示。其他测点要么太靠边,要么高程低,位移都比较少。

表 11.1.2　大坝下游侧坝面表面变形测点位置表

测点名称	桩号	高程	坝轴距
P1	0+14.70	909.586 3	3.80
P2	0+38.49	909.580 6	3.80
P3	0+62.19	909.477 8	3.80
P4	0+100.44	909.540 2	16.29
P5	0+145.16	909.559 7	16.19
P6	0+155.40	909.559 8	3.80
P7	0+169.61	909.559 6	3.80
P8	0+187.99	909.550 0	3.80

(续表)

测点名称	桩号	高程	坝轴距
P9	0+61.63	889.625 0	5.84
P10	0+189.21	892.031 0	5.98
P11	0+63.09	898.211 1	12.25
P12	0+181.03	898.013 0	10.29

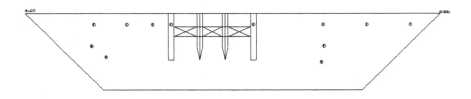

图 11.1.1　大坝下游面 12 个坝面变形测点分布图

表 11.1.3(a)　实测点计算位移(工况 1，mm)

测点编号	顺河向位移	横河向位移	竖向位移
P2	0.701	−0.969	−1.245
P3	1.696	−1.150	−1.853
P4	4.330	0.555	−2.756
P5	4.261	−0.513	−2.789
P6	2.740	1.138	−2.369
P7	2.182	1.104	−2.130
P8	1.440	1.027	−1.777

表 11.1.3(b)　实测点计算位移(工况 2，mm)

测点编号	顺河向位移	横河向位移	竖向位移
P2	0.933	−0.915	−1.221
P3	2.084	−1.115	−1.795
P4	4.752	0.556	−2.757

（续表）

测点编号	顺河向位移	横河向位移	竖向位移
P5	4.677	−0.516	−2.786
P6	3.153	1.116	−2.289
P7	2.566	1.077	−2.061
P8	2.082	0.722	−1.032

表 11.1.3(c)　实测点计算位移（工况 3，mm)

测点编号	顺河向位移	横河向位移	竖向位移
P2	1.404	−0.827	−1.192
P3	2.867	−1.071	−1.712
P4	5.627	0.552	−2.786
P5	5.543	−0.519	−2.811
P6	4.024	1.096	−2.182
P7	3.365	1.047	−1.970
P8	2.404	0.914	−1.663

表 11.1.3(d)　实测点计算位移（工况 4，mm)

测点编号	顺河向位移	横河向位移	竖向位移
P2	−0.240	−1.208	−0.087
P3	−0.051	−2.196	−0.649
P4	1.435	2.308	−0.910
P5	1.268	−2.408	−1.020
P6	0.493	3.408	−1.832
P7	0.269	2.656	−1.152
P8	−0.017	1.862	−0.617

表 11.1.3(e)　实测点计算位移(工况 5,mm)

测点编号	顺河向位移	横河向位移	竖向位移
P2	2.713	−1.169	−3.484
P3	4.929	−0.543	−4.582
P4	8.454	−1.546	−7.061
P5	8.587	1.706	−7.102
P6	6.585	−1.139	−4.742
P7	5.476	−0.205	−4.799
P8	4.142	0.545	−4.406

11.2　变形监控指标拟定及对比分析

通过有限元计算可知:坝体顺河向最大位移为 10.65 mm(指向下游),顺河向的最小位移为−0.777 mm(指向上游);横河向最大位移为−4.337 mm(左岸指向右岸)和 4.404 mm(右岸指向左岸);竖向最大位移为−7.573 mm。表11.2.1 至表 11.2.3 给出了典型测点处不同工况的顺河向位移、横河向位移和竖向位移(有限元计算值)。典型测点处顺河向最大位移为 8.587 mm(P5 测点),横河向最大位移为−2.408 mm(P5 测点)和 3.408 mm(P6 测点),竖向最大位移为−7.102 mm(P5 测点)。因此,汾河二库高碾压混凝土坝变形监控指标拟定为:①坝体顺河向最大位移为 10.65 mm,横河向最大位移为−4.337 mm和 4.404 mm,竖向最大位移为−7.573 mm;②测点处顺河向最大位移为8.587 mm,横河向最大位移为−2.408 mm 和 3.408 mm,竖向最大位移为−7.102 mm,如表 11.2.1 至表 11.2.3 所示。

表 11.2.4 至表 11.2.6 分别给出了 2019 年 6 月实测的横河向位移、顺河向和竖向位移。分析测点位移可知,部分测点值可能不可靠,但总体而言,实测值都比较小,在变形监控拟定指标范围内。

表 11.2.1　测点处不同工况的顺河向位移(mm,计算值)

	工况 1	工况 2	工况 3	工况 4	工况 5
P2	0.701	0.933	1.404	−0.240	2.713
P3	1.696	2.084	2.867	−0.051	4.929
P4	4.330	4.752	5.627	1.435	8.454
P5	4.261	4.677	5.543	1.268	8.587
P6	2.740	3.153	4.024	0.493	6.585
P7	2.182	2.566	3.365	0.269	5.476
P8	1.440	2.082	2.404	−0.017	4.142

表 11.2.2　测点处不同工况的横河向位移(mm,计算值)

	工况 1	工况 2	工况 3	工况 4	工况 5
P2	−0.969	−0.915	−0.827	−1.208	−1.169
P3	−1.150	−1.115	−1.071	−2.196	−0.543
P4	0.555	0.556	0.552	2.308	−1.546
P5	−0.513	−0.516	−0.519	−2.408	1.706
P6	1.138	1.116	1.096	3.408	−1.139
P7	1.104	1.077	1.047	2.656	−0.205
P8	1.027	0.722	0.914	1.862	0.545

表 11.2.3　测点处不同工况的竖向位移(mm,计算值)

	工况 1	工况 2	工况 3	工况 4	工况 5
P2	−1.245	−1.221	−1.192	−0.087	−3.484
P3	−1.853	−1.795	−1.712	−0.649	−4.582
P4	−2.756	−2.757	−2.786	−0.910	−7.061
P5	−2.789	−2.786	−2.811	−1.020	−7.102
P6	−2.369	−2.289	−2.182	−1.832	−4.742
P7	−2.130	−2.061	−1.970	−1.152	−4.799
P8	−1.777	−1.032	−1.663	−0.617	−4.406

表 11.2.4　实测的横河向位移 (mm)

日期	P1-X	P2-X	P3-X	P4-X	P5-X	P6-X	P7-X	P8-X	P9-X	P10-X	P11-X	P12-X
2019-6-1	-1.192	-2.956	-1.832	-0.553	0.374	0.751	0.379	0.221	-0.688	3.215	0.311	1.350
2019-6-2	-2.346	-2.472	-2.285	-0.838	-0.101	0.288	-0.125	-0.077	-0.418	2.946	0.483	0.914
2019-6-3	-1.057	-3.695	-2.279	-1.365	0.006	0.316	0.083	-0.103	-1.374	3.028	-0.491	1.095
2019-6-4	0.271	-3.130	-2.331	-1.036	-0.059	0.310	-0.096	-0.189	-1.336	2.926	-0.011	1.011
2019-6-5	-1.814	-3.340	-3.194	-1.285	-0.059	0.043	-0.109	-0.098	-2.114	2.886	-0.771	1.057
2019-6-6		-2.538	-1.697	-0.577	0.531	0.806	0.523	0.167	-1.105	3.078	-0.047	1.188
2019-6-7	-1.896	-3.344	-1.665	-0.789	0.195	0.789	0.192	0.111	-1.600	3.149	-0.664	1.253
2019-6-8	-1.210	-1.192	-2.133	-0.383	0.437	0.840	0.331	0.154	-1.449	3.104	0.643	1.267
2019-6-9	-2.758	-3.713	-2.325	-1.345	0.090	0.260	0.040	-0.024	-1.697	2.883	-0.831	0.963
2019-6-10		-2.956	-1.640	-0.661	0.022	0.347	-0.001	-0.170	-1.294	2.962	-0.595	1.100
2019-6-11	-2.612	-4.063	-3.375	-1.379	-0.142	-0.088	-0.362	-0.225	-2.171	2.805	-1.365	0.953
2019-6-12	-1.856	-4.165	-3.208	-1.812	-0.314	-0.096	-0.404	-0.245	-1.988	2.908	-1.061	0.929
2019-6-13		-2.691	-2.883	-1.332	-0.367	-0.016	-0.357	-0.252	-1.016	2.820	-0.496	1.002
2019-6-14		-3.982	-2.378	-1.301	-0.180	-0.083	-0.237	-0.302	-1.702	2.734	-0.641	0.940
2019-6-15		-3.470	-2.444	-1.431	-0.324	-0.050	-0.618	-0.348	-1.567	2.719	-0.457	0.872

（续表）

日期	P1-X	P2-X	P3-X	P4-X	P5-X	P6-X	P7-X	P8-X	P9-X	P10-X	P11-X	P12-X
2019-6-16	-0.936	-3.854	-3.036	-1.453	-0.390	-0.233	-0.487	-0.354	-1.931	2.792	-0.772	0.880
2019-6-17	-1.952	-4.659	-3.818	-2.167	-0.575	-0.459	-0.534	-0.354	-2.187	2.720	-1.075	0.920
2019-6-18	-2.211	-3.460	-2.541	-0.927	-0.353	-0.221	-0.492	-0.420	-1.798	2.681	-0.727	0.933
2019-6-19	-1.411	-2.930	-2.533	-1.050	-0.420	-0.239	-0.727	-0.477	-1.546	2.607	-0.643	0.828
2019-6-20		-3.067	-2.847	-1.511	-0.107	-0.174	-0.380	-0.597	-1.587	2.658	-0.028	0.818
2019-6-21		-3.331	-2.961	-1.326	-0.552	-0.402	-0.706	-0.581	-1.641	2.598	-0.347	0.926
2019-6-22	-0.325	-3.130	-2.614	-0.961	-0.136	-0.169	-0.418	-0.653	-1.191	2.590	0.552	1.029
2019-6-23		-2.180	-2.751	-1.351	-0.695	-0.519	-0.862	-0.660	-1.356	2.535	0.589	0.881
2019-6-24	0.634	-3.295	-2.919	-1.382	-0.498	-0.539	-0.651	-0.703	-1.542	2.548	0.392	0.980
2019-6-25		-2.564	-2.508	-1.135	-0.642	-0.716	-0.960	-0.818	-1.280	2.584	0.029	0.857
2019-6-26	0.941	-3.091	-2.841	-1.421	-0.680	-0.715	-0.909	-0.810	-1.439	2.582	0.108	0.850
2019-6-27		-2.882	-2.271	-0.751	-0.501	-0.771	-1.155	-0.788	-1.110	2.518	0.601	0.833
2019-6-28	-1.361	-2.743	-2.749	-1.395	-0.629	-0.415	-0.715	-0.596	-1.826	2.723	-0.303	1.066
最大值	0.941	-1.192	-1.640	-0.383	0.531	0.840	0.523	0.221	-0.418	3.215	0.643	1.350

表 11.2.5 实测的顺河向位移(mm)

日期	P1-Y	P2-Y	P3-Y	P4-Y	P5-Y	P6-Y	P7-Y	P8-Y	P9-Y	P10-Y	P11-Y	P12-Y
2019-6-1	-0.201	-0.922	0.028	1.748	0.912	1.270	1.351	1.930	-0.105	0.986	0.321	1.674
2019-6-2	-0.546	-0.578	-0.121	1.483	0.623	0.739	0.708	1.462	0.135	0.608	0.388	1.191
2019-6-3	-0.076	-0.871	-0.080	1.473	0.475	0.898	1.068	1.608	-0.308	0.902	0.012	1.390
2019-6-4	0.621	-0.169	0.343	2.043	0.684	1.152	1.195	1.788	0.144	1.022	0.654	1.588
2019-6-5	-0.048	-0.507	-0.277	1.633	0.409	0.797	0.831	1.712	-0.501	0.642	0.076	1.221
2019-6-6		-0.533	0.014	1.176	1.006	1.166	1.335	1.926	-0.129	0.989	0.281	1.632
2019-6-7	-0.142	-0.678	0.165	1.400	0.841	1.316	1.057	1.817	-0.020	0.956	0.365	1.590
2019-6-8	-0.259	-0.082	-0.109	1.384	0.867	1.280	1.308	1.945	-0.320	0.916	0.336	1.615
2019-6-9	-0.221	-0.647	0.038	1.384	0.735	0.978	1.076	1.745	-0.222	0.914	0.155	1.568
2019-6-10		-0.002	0.493	1.954	0.946	1.357	1.350	1.860	0.171	0.973	0.467	1.669
2019-6-11	0.479	-0.545	-0.003	1.835	0.820	0.857	1.045	1.732	-0.175	0.734	0.149	1.325
2019-6-12	0.023	-0.533	-0.055	1.606	0.536	0.979	0.852	1.672	-0.311	0.928	0.097	1.419
2019-6-13		0.246	0.211	1.708	0.746	1.316	1.164	1.887	0.465	0.998	0.652	1.614
2019-6-14		-0.458	0.253	1.516	0.875	1.091	1.164	1.728	-0.001	0.932	0.407	1.596
2019-6-15		-0.013	0.488	1.906	0.830	1.259	0.894	1.680	0.225	0.978	0.573	1.558

（续表）

日期	P1-Y	P2-Y	P3-Y	P4-Y	P5-Y	P6-Y	P7-Y	P8-Y	P9-Y	P10-Y	P11-Y	P12-Y
2019-6-16	0.592	−0.136	0.306	1.676	0.592	1.168	0.952	1.700	0.207	0.865	0.495	1.661
2019-6-17	0.195	−0.528	−0.109	1.107	0.335	0.894	0.956	1.533	−0.193	0.621	0.287	1.354
2019-6-18	0.461	0.160	0.605	1.876	0.576	1.236	1.146	1.829	0.297	0.868	0.595	1.633
2019-6-19	0.497	0.280	0.572	2.093	0.498	1.357	1.015	1.805	0.331	0.970	0.605	1.635
2019-6-20		0.388	0.527	1.823	0.586	1.426	1.367	1.640	0.367	0.961	0.760	1.462
2019-6-21		0.403	0.651	2.032	0.366	1.464	1.106	1.970	0.533	1.111	0.797	1.661
2019-6-22	1.098	0.557	0.820	2.093	0.632	1.645	1.337	1.679	0.685	1.042	1.130	1.779
2019-6-23		0.798	0.857	1.901	0.293	1.457	1.053	2.082	0.701	1.115	1.100	1.710
2019-6-24	1.474	0.403	0.736	1.887	0.458	1.589	1.280	1.664	0.534	1.096	1.017	1.886
2019-6-25		0.810	1.084	2.255	0.534	1.397	1.125	1.862	0.744	1.154	1.155	1.788
2019-6-26		0.794	0.949	2.365	0.642	1.540	1.363	1.857	0.736	1.148	1.101	1.823
2019-6-27	1.700	0.852	1.182	2.370	0.721	1.534	1.096	1.880	0.968	1.225	1.365	1.868
2019-6-28	0.975	0.797	0.871	1.792	0.723	1.619	1.191	1.985	0.506	1.344	1.037	1.771
最大值	1.700	0.852	1.182	2.370	1.006	1.645	1.367	2.082	0.968	1.344	1.365	1.886

表11.2.6 实测的竖向位移(mm)

日期	P1-Z	P2-Z	P3-Z	P4-Z	P5-Z	P6-Z	P7-Z	P8-Z	P9-Z	P10-Z	P11-Z	P12-Z
2019-6-1	2.017	1.394	1.558	2.404	1.932	1.228	1.224	0.933	1.756	4.135	2.125	1.224
2019-6-2	1.601	1.605	1.397	2.454	2.318	1.234	1.306	1.286	2.262	4.410	1.818	1.581
2019-6-3	1.884	1.275	1.777	2.276	2.278	1.073	1.655	1.128	1.508	4.340	1.337	1.635
2019-6-4	3.842	2.414	2.353	2.412	2.249	1.253	1.242	1.189	1.959	4.194	1.711	1.323
2019-6-5	1.124	2.162	2.075	2.289	2.136	0.822	1.225	1.107	1.883	4.150	1.852	1.043
2019-6-6		0.689	0.906	2.136	1.619	0.840	1.041	0.959	1.337	4.135	1.041	1.119
2019-6-7	1.867	1.566	1.465	2.275	2.067	1.172	0.955	0.766	2.329	3.883	2.111	1.039
2019-6-8	−0.152	0.980	1.139	2.329	1.861	1.149	1.071	1.046	1.838	4.221	1.965	1.289
2019-6-9	2.189	1.527	2.060	2.430	2.309	1.237	1.713	1.064	1.697	4.525	1.528	1.451
2019-6-10		2.100	1.995	2.723	2.388	1.212	1.296	1.242	2.182	4.194	2.012	1.256
2019-6-11	1.997	1.858	2.458	2.688	2.224	1.161	1.476	1.253	2.109	4.085	1.728	1.082
2019-6-12	0.821	1.892	2.369	2.766	2.482	1.209	1.596	1.043	2.137	4.126	2.026	1.171
2019-6-13		1.824	2.526	3.234	2.301	1.330	1.466	1.131	2.494	4.009	2.032	1.196
2019-6-14		1.760	2.157	2.833	2.775	1.380	1.724	1.265	1.717	4.672	1.803	1.523
2019-6-15		2.472	2.528	3.499	2.625	1.574	1.472	1.127	2.315	4.142	2.193	1.151

（续表）

日期	P1-Z	P2-Z	P3-Z	P4-Z	P5-Z	P6-Z	P7-Z	P8-Z	P9-Z	P10-Z	P11-Z	P12-Z
2019-6-16	3.714	2.546	2.481	3.519	3.136	1.409	1.555	1.135	2.639	4.206	2.372	1.210
2019-6-17	1.826	1.998	1.889	3.001	2.338	1.218	1.498	0.980	2.099	4.249	1.446	1.427
2019-6-18	1.524	2.136	2.725	3.273	2.677	1.134	1.442	1.148	2.369	4.123	1.908	0.941
2019-6-19	2.263	3.047	3.536	3.405	3.012	1.873	1.859	1.391	2.582	4.547	2.181	1.208
2019-6-20		2.634	2.637	3.959	3.024	1.871	1.763	1.449	2.906	4.455	2.038	1.223
2019-6-21		2.183	2.778	3.660	2.923	1.966	1.807	1.480	2.522	4.519	2.490	1.276
2019-6-22	8.118	2.512	2.491	3.858	3.171	2.056	1.926	1.464	2.645	4.531	2.350	1.489
2019-6-23		2.509	2.904	3.715	3.155	1.924	1.821	1.525	2.636	4.490	2.640	1.423
2019-6-24	2.527	2.338	2.454	3.655	2.936	1.794	1.789	1.373	2.700	4.422	2.258	1.470
2019-6-25		2.550	2.927	3.802	3.180	1.950	1.754	1.473	2.588	4.197	2.192	1.337
2019-6-26		2.725	3.089	4.002	2.996	1.953	2.038	1.622	2.667	4.538	2.191	1.506
2019-6-27	3.350	2.814	3.225	4.413	3.958	2.600	2.389	1.790	3.167	4.686	2.780	1.608
2019-6-28	2.357	2.243	2.598	3.700	2.755	1.586	1.607	1.468	2.252	4.069	1.744	0.876
最大值	8.118	3.047	3.536	4.413	3.958	2.600	2.389	1.790	3.167	4.686	2.780	1.635

12 变形监控改进相关向量机模型

研究发现,一方面,传统的统计模型对数据要求高,抗噪声能力差,难以描述环境量与大坝效应量之间的非线性特征;另一方面,现有的几种机器学习模型常容易陷入局部最优,产生过拟合等问题。为达到高质量的监控效果,本书作者选用了一种近年来在工程监控领域新兴的机器学习模型——相关向量机,并以改善该模型的泛化性能作为研究方向,提出了 PSO-RVM 模型,以满足项目实测资料序列短和预测精度要求高的监控要求。

12.1 变形监控模型的建立

基于智能相关向量机的该面板堆石坝变形监控模型以该面板堆石坝变形监

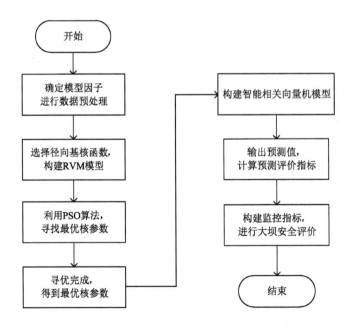

图 12.1.1 基于 PSO-RVM 的变形监控建模技术路线图

测数据为基础，以模型的预测精度为评价对象，结合该面板堆石坝工程实例的特点，按照图 12.1.1 PSO-RVM 模型的步骤，首先分析与大坝变形有关的模型影响因子，其次构建科学合理的模型评价指标，然后选取相关的监测数据并进行预处理，接着利用 MATLAB 进行编程建模，最后结合模型的评价指标分析模型的稀疏性能、学习性能和泛化性能，根据实证结果对该模型作为大坝安全监控模型的适用性和可行性作出评判。

12.1.1　模型因子选择

在实际工程中，大坝的安全监测数据一般包括两大类：效应量和环境量。其中效应量包括大坝的变形、渗流、应力应变等，环境量包括气温、上下游水位等。效应量与环境量存在一定的相关性，利用环境量实现对大坝效应量的预测，是对大坝运行进行监控的有效手段。

大坝的变形主要分为垂直变形和水平变形。垂直变形是指混凝土坝在垂直方向的位移，表现为不同时期坝体高程的变化；水平变形是指混凝土坝在水平面内的位移，表现为不同时期坝内各监测点平面坐标或点间距离的变化。

混凝土坝位移主要受水压、温度和时效等因素的影响，位移变化量主要由水压分量、温度分量和时效分量组成[1]。

因此，得到混凝土坝位移的统计模型如下：

$$\delta = \delta_H + \delta_T + \delta_\theta \tag{12.1.1}$$

式中：δ 代表位移总量，δ_H、δ_T、δ_θ 分别表示水压分量、温度分量和时效分量。

1. 水压分量 δ_H

库水压力作用在坝体上产生的内力会使坝体变形而产生位移。混凝土坝上任一观测点的水压分量 δ_H 与水深 H、H^2、H^3 呈线性关系，即：

$$\delta_H = \sum_{i=1}^{3} \alpha_i H^i \tag{12.1.2}$$

$$H = H_u - H_{u0} \tag{12.1.3}$$

式中：H_u、H_{u0} 分别为坝体位移监测日和监测基准日的上游水头，即上游水位测值与坝底高程之差，由式（12.1.3）可知水深 H 即为坝体位移监测日与监测基准日的上游水位之差；α_i 为水压因子回归系数。

2. 温度分量 δ_T

温度分量 δ_T 是由于坝体混凝土温度变化而引起的大坝位移。理论上讲，δ_T

应选择坝体混凝土的温度计测值作为因子,但由于坝体内部实测温度数据的缺失,故采用多周期的谐波作为因子,即:

$$\delta_T = \sum_{i=1}^{2} \left[b_{1i} \left(\sin\frac{2\pi it}{365} - \sin\frac{2\pi it_0}{365} \right) + b_{2i} \left(\cos\frac{2\pi it}{365} - \cos\frac{2\pi it_0}{365} \right) \right]$$

(12.1.4)

式中:t 为坝体位移监测日到监测基准日的累计天数;t_0 为建模数据第一个监测日到监测基准日的累计天数;b_{1i}、b_{2i} 为温度因子回归系数。

3. 时效分量 δ_θ

时效分量综合反映了混凝土坝体的徐变,同时还包括坝体裂缝引起的不可逆位移。混凝土坝的时效分量 δ_θ 包含时间 θ 的线性函数和对数函数,即

$$\delta_\theta = c_1(\theta - \theta_0) + c_2(\ln\theta - \ln\theta_0)$$

(12.1.5)

式中:θ 为坝体位移监测日到监测基准日的累计天数除以 100,即 $\theta = t/100$;θ_0 为建模数据第一个监测日到监测基准日的累计天数除以 100,即 $\theta_0 = t_0/100$;c_1、c_2 为时效因子回归系数[2]。

根据以上分析,本书选择的模型因子分别为水压分量:$H_u - H_{u0}$、$(H_u - H_{u0})^2$、$(H_u - H_{u0})^3$;温度分量:$\sin\frac{2\pi t}{365} - \sin\frac{2\pi t_0}{365}$、$\cos\frac{2\pi t}{365} - \cos\frac{2\pi t_0}{365}$、$\sin\frac{4\pi t}{365} - \sin\frac{4\pi t_0}{365}$、$\cos\frac{4\pi t}{365} - \cos\frac{4\pi t_0}{365}$;时效分量:$\theta - \theta_0$、$\ln\theta - \ln\theta_0$。

12.1.2 模型评价指标

模型的泛化性能直接影响到其作为监控模型的适用性和可行性。泛化性能评判的标准主要是依据该模型的预测精度,即预测精度更高的模型被认为泛化性能更好。本书选用以下常用的 3 种模型精度评价指标[3]。

1. 均方根误差

均方根误差(Root Mean Square Error, RMSE)是最常见的测度数据间差异程度的指标,能够直观反映预测的精密度,计算公式如下:

$$RMSE = \sqrt{\frac{1}{n}\sum_{i=1}^{n}(y_i - \widehat{y}_i)^2}$$

(12.1.6)

2. 标准均方误差

标准均方误差(Normalized Mean Square Error, NMSE)侧重于反映预测值

和真实值间的偏差与测量数据震荡强度间的关系,计算公式如下:

$$NMSE = \frac{(n-1)\sum_{i=1}^{n}(y_i - \widehat{y_i})^2}{n\sum_{i=1}^{n}(y_i - \overline{y})^2} \qquad (12.1.7)$$

3. 平均绝对百分比误差

平均绝对百分比误差(Mean Absolute Percentage Error,MAPE)能够客观地反映预测数据整体的可信程度,计算公式如下:

$$MAPE = \frac{1}{n}\sum_{i=1}^{n}\left|\frac{y_i - \widehat{y_i}}{y_i}\right| \qquad (12.1.8)$$

以上公式中,y_i、$\widehat{y_i}$ 分别为原始数据和预测数据,$\overline{y}$ 为原始数据的平均值,n 为样本数。$RMSE$ 表示预报模型的准确性,其值越小,说明模型精度越高;$NMSE$ 表示模型的稳定性,其值越小则说明模型越稳定;$MAPE$ 展示了模型预报值的可信程度,其值越小表示可信程度越高[4]。本书选用这 3 种统计指标作为智能相关向量机的评价指标,以此检验模型的泛化性能。

12.1.3 数据预处理

根据 12.1.1 节分析的内容可知,本书选取了水压分量,温度分量和时效分量 3 大环境量 9 个因子作为模型的自变量因子,选取了大坝位移效应量作为模型的因变量。在相关向量机中,自变量 X_i 是一个向量,i 表示观测次数,X_i 表示第 i 次观测得到的监测数据,其自变量名称与具体的因子表达式对应关系如表 12.1.1所示。

表 12.1.1 相关向量机和 PSO-RVM 模型自变量因子表达式

自变量名称	因子表达式
X_{i1}	$H_u - H_{u0}$
X_{i2}	$(H_u - H_{u0})^2$
X_{i3}	$(H_u - H_{u0})^3$
X_{i4}	$\sin\frac{2\pi t}{365} - \sin\frac{2\pi t_0}{365}$
X_{i5}	$\cos\frac{2\pi t}{365} - \cos\frac{2\pi t_0}{365}$

(续表)

自变量名称	因子表达式
X_{i6}	$\sin\dfrac{4\pi t}{365}-\sin\dfrac{4\pi t_0}{365}$
X_{i7}	$\cos\dfrac{4\pi t}{365}-\cos\dfrac{4\pi t_0}{365}$
X_{i8}	$\theta-\theta_0$
X_{i9}	$\ln\theta-\ln\theta_0$

本书选用该面板堆石坝主坝 TB5 测孔视准线的观测记录,该视准线埋设完成于 2012 年 5 月 17 日,每隔 7 天对该面板堆石坝的水平位移进行一次观测记录。将 2015 年 3 月 10 日作为监测基准日,选取该测点自 2015 年 3 月 17 日至 2016 年 11 月 29 日共 90 个监测数据作为训练集,选取该测点自 2016 年 12 月 6 日至 2017 年 2 月 7 日共 10 个监测数据作为预测集,通过建立的相关向量机和 PSO-RVM 模型来预测后 10 个监测日,也就是预测集的位移数据。

12.1.3.1　标准化处理

为消除数据量纲的影响,需对原始数据进行标准化预处理,本书采用零均值标准化(Zero-mean Normalization),其转换公式如下:

$$x^* = \frac{x-\bar{x}}{s} \tag{12.1.9}$$

式中：x^* 为标准化数据,x 为原始数据,$\bar{x}$ 为原始数据均值,s 为原始数据标准差,经过标准化后的数据均值为 0,标准差为 1。

12.1.3.2　缺失值处理

大坝的监测数据是由观测人员依据监测仪器采集而来的,受监测仪器、监测环境和人为失误等各种因素影响,大坝的监测数据中存在少许的缺失值,此时需要对缺失值进行插补处理,本书采用线性插值方法,利用缺失值前后监测日的监测数据进行计算插补,其计算公式如下:

$$y = \frac{(x_1-x)y_0+(x-x_0)y_1}{x_1-x_0} \tag{12.1.10}$$

式中：(x_0,y_0) 和 (x_1,y_1) 分别为缺失值前后监测日的完整数据,其中 x_0 和 x_1 为前后监测日期,y_0 和 y_1 为已知数据值；x 为缺失值的监测日期,y 为缺失值。

表 12.1.2 该面板堆石坝位移预测段的标准化数据

日期	Y	X_{i1}	X_{i2}	X_{i3}	X_{i4}	X_{i5}	X_{i6}	X_{i7}	X_{i8}	X_{i9}
2016/12/6	72.91	1.74	1.60	1.33	−1.37	−0.32	0.68	−1.16	−0.78	0.92
2016/12/13	70.88	1.18	0.68	0.31	−1.40	−0.15	0.37	−1.30	2.04	0.93
2016/12/20	72.04	1.46	1.11	0.75	−1.42	0.03	0.04	−1.36	−0.78	0.94
2016/12/27	72.76	0.25	−0.29	−0.38	−1.41	0.20	−0.30	−1.34	2.10	0.95
2017/1/3	71.65	0.32	−0.23	−0.36	−1.39	0.37	−0.63	−1.24	−0.78	0.96
2017/1/10	72.04	0.28	−0.27	−0.37	−1.34	0.54	−0.92	−1.07	2.17	0.98
2017/1/17	70.69	0.71	0.10	−0.16	−1.28	0.70	−1.16	−0.83	−0.78	0.99
2017/1/24	71.11	1.02	0.45	0.11	−1.20	0.85	−1.34	−0.53	2.23	1.00
2017/1/31	71.72	2.42	3.08	3.47	−1.10	0.99	−1.44	−0.21	−0.78	1.01
2017/2/7	69.74	1.87	1.84	1.65	−0.98	1.12	−1.46	0.13	2.29	1.02

表 12.1.2 为经过数据预处理后的预测段数据(因页面限制此处仅保留两位小数,实际计算时保留 4 位小数),其中 X_{i1} 至 X_{i9} 的自变量表达式详见表 12.1.1,Y 为因变量即大坝位移量,单位为 mm。

12.2 实证结果分析

12.2.1 模型参数的寻优结果

本书 RVM 模型核宽度参数 γ 的取值为 3,而通过粒子群算法寻优得到的核宽度参数 γ 为 6.913 7。

图 12.2.1 是粒子群算法在寻优过程中适应度函数值的变化曲线。可以看出,当优化代数达到 20 代时,适应度函数值趋于稳定,当优化代数达到 30 代时,适应度函数值恒定不变。结合前文内容可知,此时粒子的个体最优解 p_{best_i} 和种群的全局最优解 g_{best} 已经产生且不再更新,这也就意味着粒子的速度和位置不再发生大的变化,种群逐渐收敛至一点。

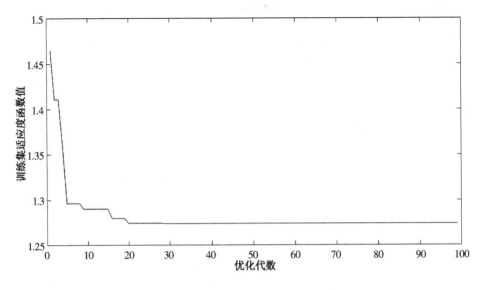

图 12.2.1   训练集适应度函数值变化曲线

12.2.2   模型的稀疏性能分析

通常,模型越稀疏意味着该模型的复杂度越低,其学习效率也就越高。图 12.2.2 和图 12.2.3 分别展示了 RVM 模型和 PSO-RVM 模型的相关向量个

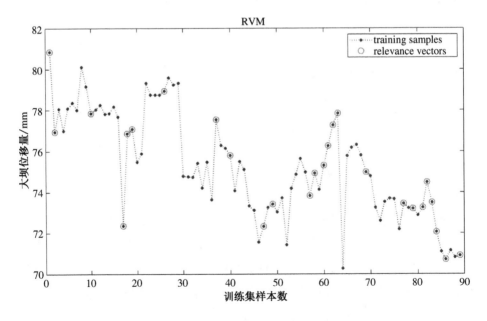

图 12.2.2   RVM 模型的相关向量个数

数,横坐标表示训练集样本数,纵坐标表示大坝位移量实际值。其中,PSO-RVM 模型的相关向量数为 13,即模型训练完成后仅保留 13 个样本量,少于RVM 模型,同时,由表 12.2.1 可以看出 PSO-RVM 模型的运行时间要快于RVM 模型,说明 PSO-RVM 模型的稀疏性能更好。考虑到大坝安全监控中实时预测的需要,监控模型对于预测的及时性有着更高的要求,因此,PSO-RVM模型更适用于大坝安全监控的在线预测。

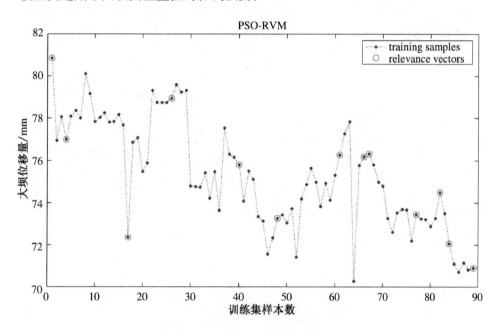

图 12.2.3　PSO-RVM 模型的相关向量个数

表 12.2.1　RVM 和 PSO-RVM 模型拟合时段均方根误差

	RVM 模型	PSO-RVM 模型
相关向量个数/个	26	13
模型运行时间/秒	0.629	0.135

12.2.3　模型的学习性能分析

　　模型的学习性能主要通过模型拟合时段的均方根误差体现,如表 12.2.2 所示。可以看出,PSO-RVM 的均方根误差稍大于 RVM,但两者十分接近且数值理想。

表 12.2.2   RVM 和 PSO-RVM 模型拟合时段均方根误差

	RVM 模型	PSO-RVM 模型
拟合时段的均方根误差 RMSE	1.249	1.274

图 12.2.4 是 RVM 和 PSO-RVM 模型在训练集上的拟合曲线,横坐标表示日期,纵坐标表示大坝位移量。从图中可以看出,不管是 RVM 还是 PSO-RVM 模型,其拟合曲线都紧密围绕理论值上下波动,说明两者拟合效果良好,都具有不错的学习性能。

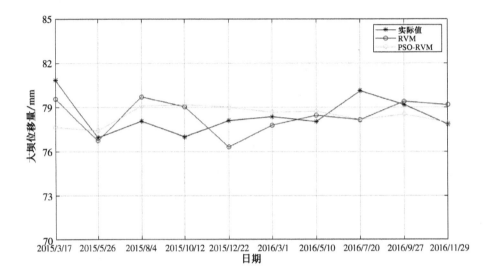

图 12.2.4   RVM 和 PSO-RVM 模型的拟合曲线对比

12.2.4   模型的泛化性能分析

与学习性能相比,大坝安全监控模型更加看重其泛化性能即预测未知数据量的能力,从而发挥风险预报的作用。因此首先分析两个模型的预测结果,详见表 12.2.3。

表 12.2.3   RVM 和 PSO-RVM 模型的预测值和相对误差

日期	实际值（mm）	RVM		PSO-RVM	
		预测值（mm）	相对误差（%）	预测值（mm）	相对误差（%）
2016.12.6	72.91	57.509 4	21.12	70.362 5	3.49
2016.12.13	70.88	50.732 6	28.42	68.830 5	2.89

（续表）

日期	实际值 (mm)	RVM		PSO-RVM	
		预测值 (mm)	相对误差 (%)	预测值 (mm)	相对误差 (%)
2016.12.20	72.04	52.869 5	26.61	69.985 3	2.85
2016.12.27	72.76	51.091 3	29.78	67.994 4	6.55
2017.1.3	71.65	64.646 1	9.78	70.181 2	2.05
2017.1.10	72.04	49.537 5	31.24	66.747 4	7.35
2017.1.17	70.69	57.561 3	18.57	68.707 7	2.80
2017.1.24	71.11	43.688 1	38.56	65.690 5	7.62
2017.1.31	71.72	30.979 5	56.8	66.801 7	6.86
2017.2.7	69.74	34.997 2	49.82	65.968 7	5.41

通过表 12.2.3 可以看到，PSO-RVM 模型的预测值比 RVM 模型的预测值更接近实际值，且 PSO-RVM 模型预测的相对误差显著小于 RVM 模型，说明优化后的 PSO-RVM 模型比未优化的 RVM 模型预报精度更高。

图 12.2.5 是 RVM 和 PSO-RVM 模型的预测曲线，横坐标表示日期，纵坐标表示大坝位移量。从图中可以直观看出，PSO-RVM 模型预测曲线比 RVM 模型的预测曲线更加接近理论值，同样体现了优化后的 PSO-RVM 模型具有更好的泛化能力。

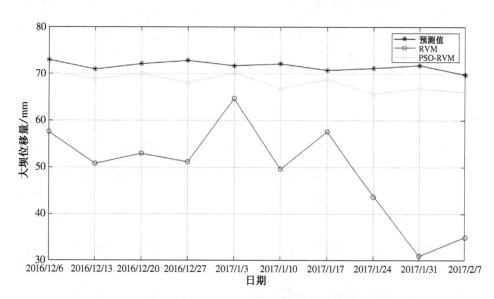

图 12.2.5 RVM 和 PSO-RVM 模型的预测曲线

为了更进一步展示 PSO 优化前后模型的泛化性能,证实上述结论,本书用前文介绍的 3 个模型评价指标做了更进一步的分析比较,详见表 12.2.4。

表 12.2.4　RVM 和 PSO-RVM 模型的评价指标对比表

	RVM 模型	PSO-RVM 模型
RMSE	24.139	3.735 1
NMSE	617.613	14.787 0
MAPE	0.3107	0.047 8

由表 12.2.4 可以看出,PSO-RVM 模型在 3 个模型评价指标上的表现均显著优于 RVM 模型,可知经过粒子群算法优化后的相关向量机模型预测精度更高,泛化性能更强。

12.3　大坝安全监控指标

安全监控指标是大坝安全监控中的一个关键性指标,通过它不仅能快速评判大坝的安全状况,而且有助于大坝的科学管理。因此,拟定监控指标对大坝安全监控工作意义显著。

12.3.1　评判等级的划分

混凝土坝安全状况的评价依据来源于其实际的监测数据,需要对具体的监测项目拟定相应的监控指标,从而对其安全等级作出评价。设监控模型为:

$$\hat{y} = f(x_1, x_2, \cdots, x_n) \qquad (12.3.1)$$

则监控指标的一般形式表示为:

$$[y] = \hat{y} \pm pS = f(x_1, x_2, \cdots, x_n) \pm pS \qquad (12.3.2)$$

式中:y 为效应量;$\hat{y}$ 为效应量 y 的预测值;$[y]$ 为效应量 y 的监控区间;x_1,x_2,$\cdots$,x_n 为环境量;pS 为监控指标的置信带半宽,其中 S 为模型的均方根误差,p 取 $1 \sim 2$[5]。

根据拟定的监控指标来建立安全等级。目前大坝的安全等级划分没有统一的标准,本书就混凝土坝的变形监控划分为正常、基本正常、轻度异常和严重异常 4 个等级,各等级的具体范畴表示如下:

正常：$|y - \hat{y}| \leqslant S$ 且 $y \leqslant y_{\max}$

基本正常：$S < |y - \hat{y}| \leqslant 2S$ 且 $y \leqslant y_{\max}$

轻度异常：$|y - \hat{y}| > 2S$ 且 $y \leqslant y_{\max}$

严重异常：$y > y_{\max}$

其中，$y_{\max}$ 为混凝土坝变形的预警阈值，当混凝土坝某日的位移监测量超出阈值时，即认为该坝出现安全问题并处于严重异常的运行状态，从而进行安全预警。

12.3.2 预警阈值的确定

预警阈值 $y_{\max}$ 的确定直接关系到大坝安全状况的划分，因此确定科学合理的预警阈值尤为重要。本书从数理统计角度出发，通过对监测数据的分布检验，结合统计学的小概率原理，确定混凝土坝变形的预警阈值。

首先，从监测数据资料中选取位移监测量 Y，Y 是随机变量，得到一组样本数为 n 的样本：

$$Y = (y_1,\ y_2,\ \cdots,\ y_n) \tag{12.3.3}$$

然后，运用 K-S(Kolmogorov-Smirnov)统计检验法对数据进行分布检验，确定 Y 的概率密度函数 $f(x)$ 和分布函数 $F(x)$。K-S 检验是一种非参数检验方法，通过比较变量的累积分布函数与某一特定分布，判断该变量的总体是否服从这个特定分布。K-S 检验的原假设 H_0 为变量，总体服从某一特定分布(如正态分布、均匀分布、泊松分布、指数分布等)，其检验统计量为：

$$K = \max|A_i - O_i| \tag{12.3.4}$$

式中：A_i 表示假设分布每个类别的累积相对频数；O_i 表示样本频数的相应值。当原假设成立时，则检验统计量 K 值不会偏离 0 太远，K 值越大，说明基于原假设得到当前样本的可能性就越小，就越有可能判断 H_0 为错误[6]。

在完成 K-S 检验对样本数据的分布检验后，利用式(12.3.5)和式(12.3.6)估计位移监测量 Y 的均值 $\bar{Y}$ 和方差 σ_Y。

$$\bar{Y} = \frac{1}{n}\sum_{i=1}^{n} y_i \tag{12.3.5}$$

$$\sigma_Y = \sqrt{\frac{1}{n}\sum_{i=1}^{n}(y_i - \bar{y})} \tag{12.3.6}$$

若当 $y > y_{max}$ 时,大坝处于严重异常的运行状态,则进行大坝安全预警的概率为:

$$P(Y > Y_{max}) = P_\alpha = \int_{y_{max}}^{+\infty} f(y) \mathrm{d}y \qquad (12.3.7)$$

式中:P_α 为确定预警的概率。由统计理论可知,当 P_α 足够小时可以认为这是一个小概率事件,即该事件几乎不可能发生,若发生则视为异常情况。P_α 的值根据大坝安全预警的重要性而定,本书对该面板堆石坝的变形监控取 $P_\alpha = 5\%$。确定 P_α 后,由 Y 的分布函数便可以直接求出预警阈值 $y_{max} = F^{-1}(\bar{Y}, \sigma_Y, \alpha)$。

12.3.3　位移监控指标拟定

与前文相同,选用该面板堆石坝主坝 TB5 测控视准线 2015 年 3 月 17 日至 2016 年 11 月 29 日共 90 个位移监测数据分析研究,建立安全监控指标并设定预警阈值,利用 2016 年 12 月 6 日至 2017 年 2 月 7 日的位移监测数据以及通过 PSO-RVM 模型得到的位移预测数据对该面板堆石坝位移进行安全评价。

首先,利用 SPSS 绘制监测数据的 P-P 图,P-P 图可以直观看出变量的实际累积概率与其假定理论分布累积概率的符合程度,从而大致判断变量服从的分布类型。

图 12.3.1 的两个坐标轴分别表示假定理论分布的累积概率和实际累积概率,若数据服从该假定分布,则其中的数据点应和理论直线(对角线)基本重合。本书选择了常见的正态分布、指数分布、均匀分布和拉普拉斯分布 4 种分布作假定理论分布,可以看出,位移监测数据的实际分布与正态分布、均匀分布十分接近,为进一步判断,绘制位移监测数据正态分布和均匀分布的趋势 P-P 图作比较,该图反映的是按照假定理论分布计算的理论值和实际值之差的分布情况,即分布的残差图。

如图 12.3.2 所示,两个分布的残差均有一定的上下波动,相较而言,位移监测数据服从正态分布的残差小于其服从均匀分布的残差,因此本书认为位移监测量基本服从正态分布,接下来利用 K-S 检验对位移监测量是否服从正态分布做进一步检验。

由表 12.3.1 可以看出,K-S 检验统计量最大频数差的绝对值为 0.085,相应的 P 值为 0.547,根据这个标准得到的结论为:如果原假设成立,则从这样一个正态分布的总体中按现有样本量进行抽样,平均每 1 000 次中会有 547 次得到实际数据与假定理论分布(正态分布)之间的统计量差值 K 等于现有样本的

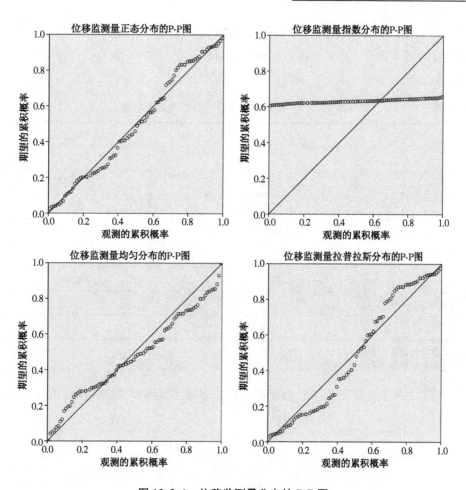

图 12.3.1　位移监测量分布的 P-P 图

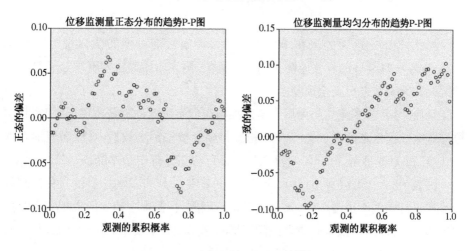

图 12.3.2　位移监测量分布的趋势 P-P 图

K 值 0.085，这显然不是一个小概率事件，因此本书在显著性水平 $\alpha = 0.05$ 时不拒绝原假设，在统计意义上认为位移监测量服从正态分布，即 $Y \sim N(75.327\,4, 2.533\,15^2)$。

表 12.3.1 位移监测量正态分布的 K-S 检验

		位移监测量
N		90
正态参数[a,b]	均值	75.327 4
	标准差	2.533 15
最极端差别	绝对值	0.085
	正	0.073
	负	−0.085
Kolmogorov-Smirnov Z		0.798
渐近显著性（双侧）		0.547

a. 检验分布为正态分布；
b. 根据数据计算得到。

然后，利用正态分布的分布函数公式求解该面板堆石坝位移预警指标 y_{max}，则有：

$$P(Y > Y_{max}) = \int_{y_{max}}^{+\infty} \frac{1}{2.533\,15\sqrt{2\pi}} e^{-\frac{(y-75.327\,4)^2}{2}} \mathrm{d}y = P_\alpha = 0.05$$

$$(12.3.8)$$

求得 $y_{max} = 79.507\,048$。

因此，当确定预警的概率 P_α 取 5% 时，该面板堆石坝的位移量不宜大于 79.5 mm，一旦某日的位移监测量超过该阈值，则表明该面板堆石坝处于严重异常的运行状态并进行安全预警。

最后，结合前文建立的大坝安全监控指标以及确定的预警阈值，利用实际的位移监测数据以及通过 PSO-RVM 模型得到的位移预测数据，对该面板堆石坝 2016 年 12 月 6 日至 2017 年 2 月 7 日的运行状态进行安全评价。

由表 12.3.2 可以看出，2016 年 12 月 6 日至 2017 年 2 月 7 日的位移监测量均落在正常与基本正常区间，未出现异常。因此，根据本书建立的大坝安全监控评价体系，可以判定该时间段内该面板堆石坝主坝处于安全的运行状态，与该面板堆石坝安全定检记录表中的评价结果相符。

表 12.3.2　该面板堆石坝位移监控指标一览表

日期	实际值 y (mm)	预测值 $\hat{y}$ (mm)	评判等级			
			正常 $\|y-\hat{y}\| \leqslant 3.74$ 且 $y \leqslant 79.507$	基本正常 $3.74 < \|y-\hat{y}\| \leqslant 7.47$ 且 $y \leqslant 79.507$	轻度异常 $\|y-\hat{y}\| > 7.47$ 且 $y \leqslant 79.507$	严重异常 $y > 79.507$
2016/12/6	72.91	70.36	√			
2016/12/13	70.88	68.83	√			
2016/12/20	72.04	69.99	√			
2016/12/27	72.76	67.99		√		
2017/1/3	71.65	70.18	√			
2017/1/10	72.04	66.75		√		
2017/1/17	70.69	68.71	√			
2017/1/24	71.11	65.69		√		
2017/1/31	71.72	66.80	√			
2017/2/7	69.74	65.97		√		

由工程实例的研究结果可知：

PSO-RVM 模型的拟合效果和预测精度可观，稀疏性能更强，说明在大坝安全监控领域使用机器学习方法对大坝变形进行在线预测的研究方法是有效的。

现有的机器学习方法被广泛应用于预测研究中，由于相关向量机模型调节参数少，收敛速度快，因此，本书使用相关向量机模型对大坝变形进行预测，同时侧重于改善该模型的泛化性能，针对相关向量机模型的局限性，利用具有优秀全局搜索能力的粒子群算法对原模型加以改进，提出了一种新的模型——智能相关向量机，实证结果证明该研究方向是正确的。

观察实证结果发现，相关向量机模型在训练集样本上的拟合效果是占优的，但在预测集上的表现却远不及 PSO-RVM 模型，一方面，说明仅依靠相关向量机模型容易产生过拟合问题，即学习性能较好但泛化性能欠佳；另一方面，也体现了 PSO-RVM 模型预测的稳定性，既能保持良好的学习性能，也能在未知数据的预测上取得不错的效果，这恰是一个合格预测模型所必需的。因此，将智能相关向量机作为大坝安全监控模型是可行的。

大坝安全监控指标的构建是本书研究的一个重要内容，本书从数理统计角度出发，通过对监测数据的分布检验，结合统计学的小概率原理，确定了该面板堆石坝主坝变形的预警阈值，并对该坝运行的安全等级做出评价，结果显示与该面板堆石坝安全定检记录表中的评价结果相符,说明本书建立的大坝安全监控指标是合理的。

12.4 本章小结

本章主要内容是基于智能相关向量机的大坝变形的实证研究。首先,针对相关向量机模型的局限性,利用粒子群算法加以改进,提出 PSO-RVM 模型;其次,描述项目背景及该面板堆石坝的工程概况,并且对实际需要的模型因子和模型评价指标展开研究,为获得更高质量的结果,同时进行了数据预处理;然后,利用相关向量机和 PSO-RVM 模型对处理后的数据分别进行拟合和预测;接着进行实证分析,结果表明,PSO-RVM 模型的泛化性能更好,且其本身的模型精度理想,可用作大坝安全监控模型;最后从数理统计角度出发,通过对监测数据的分布检验,结合统计学的小概率原理,建立了大坝安全监控指标,判定该面板堆石坝主坝的变形安全等级,评判结果与安全定检记录表中的评价结果相符。

参考文献

[1] 黄耀英,黄光明,吴中如,等. 基于变形监测资料的混凝土坝时变参数优化反演[J]. 岩石力学与工程学报,2007,26(S1):2941-2941.

[2] 吴中如. 水工建筑物安全监控理论及其应用[M]. 北京:高等教育出版社. 2003.

[3] 钟足华. 卫星遥测时序数据中预测算法研究[D]. 南京:南京航空航天大学,2015.

[4] 蒋华琴. 智能支持向量机方法及其在丙烯聚合熔融指数预报中的应用[D]. 杭州:浙江大学,2012.

[5] 张柯,杨杰,程琳. 基于 ABC-SVM 的土石坝变形监测模型[J]. 水资源与水工程学报,2017,28(4):199-204.

[6] 张文彤,邝春伟. SPSS 统计分析基础教程[M]. 北京:高等教育出版社,2011.

13 总结与展望

13.1 总结

随着大坝安全在线监控需求的不断发展,大坝安全监控指标的拟定问题日益凸显。为充分发挥大坝安全自动监测系统的优势,及时评估大坝安全状态,为应急条件下水库安全调度提供依据,必须从数值计算和实测数据统计分析两条途径对预警指标进行研究。变形监测具有监测方法多、测值直观和体现整体大坝安全状态的优点,因此一直是大坝安全监控预警指标研究的热点。

本书系统地研究了国内外碾压混凝土重力坝变形监控指标拟定方法和多场耦合方法;通过研究汾河二库大坝变形影响因素和可能工况,建立了汾河二库大坝变形分析的多场耦合三维有限元模型;通过数值模拟方法获取了不同工况下大坝及坝面典型测点位移值,分析了监测数据,从而确定了汾河二库大坝安全变形监控指标。

汾河二库高碾压混凝土坝变形监控指标为:①坝体顺河向最大位移为 10.65 mm,横河向最大位移为 -4.337 mm 和 4.046 mm,竖向最大位移为 -7.573 mm;②测点处顺河向最大位移为 8.587 mm,横河向最大位移为 -2.408 mm 和 3.408 mm,竖向位移为 -7.061 mm。

相关向量机能够处理非线性、高维数和小样本问题,具有调节参数少、模型复杂度低和预测精度高等优点,符合大坝监测数据中效应量与环境量间呈非线性特征的数据集特点,能够满足大坝效应量的在线预测需求。研究发现,该模型存在一定局限性,即在相关向量机模型的构建过程中,核函数参数的选取十分重要,仅凭经验赋值无法保障模型的泛化性能,人为因素的干预导致模型精度存在不确定性,难以满足高质量的大坝安全监控要求,因此本书利用粒子群算法对原模型进行改进,提出一种新的模型——PSO-RVM模型,同时从数理统计角度出发,利用小概率原理,通过对监测数据的分布检验建立大坝的安全监控指标与评

价等级体系,以满足高质量的大坝安全监控要求。本书的研究成果总结如下:

(1) 建立了基于智能相关向量机的大坝安全监控模型,通过利用粒子群算法对相关向量机的关键核参数 γ 进行寻优,提出一种新的模型——PSO-RVM模型。

(2) 结合该面板堆石坝的位移监测数据,利用相关向量机和 PSO-RVM 模型,对该坝主坝监测点的数据进行拟合与预测。结合该面板堆石坝混凝土坝的特点,选取了水压、温度和时效 3 个分量 9 个变量作为模型因子,从均方根误差、标准均方误差和平均绝对百分比误差来对模型预测的准确性、稳定性和可信程度进行评价。结果表明采用粒子群算法优化的相关向量机模型其泛化性能优于传统的相关向量机模型,说明本书的研究方向是正确的,同时说明将 PSO-RVM模型作为大坝安全监控模型是可行的。

(3) 建立大坝的安全监控指标以及评价等级体系。先拟定大坝运行中各安全评价等级的划分及其相应的监控指标,再从数理统计角度出发,结合小概率原理,确定安全预警的阈值。以该面板堆石坝的位移监测为例,通过 K-S 检验确定数据分布类型,判定该面板堆石坝主坝的变形安全等级,评判结果与安全定检记录表中的评价结果相符,说明本书建立的大坝安全监控指标是合理的。

13.2　展望

在数值模拟分析方面,基于多相多场耦合的数值模拟方法是大坝变形监控方法研究的必然趋势,但在宏细观模拟、本构模型建立、堆石体热效应及特征参数选取方面还有很多问题需要研究。目前在面板堆石坝数值计算中很少考虑温度场的影响,这一点理论依据尚不充分,下一步我们将结合散粒体-板单元等组合结构力学,对面板堆石坝数值模拟进行研究。同时对堆石破碎、流变以及干湿变形等进行深入考虑,将静力变形监控问题推广到考虑多向地震以及行波效应的动力变形、累积变形监控领域。

本书对相关向量机在大坝安全监控中的应用进行了研究和探讨,采用粒子群算法优化相关向量机,提高了模型的泛化性能,具有一定的参考意义和应用价值。同时,建立了大坝的安全监控指标以及评价等级体系对该面板堆石坝的运行状况进行评价。虽取得一些结论,但限于本人的专业知识和学术水平,还可以在以下几方面做进一步研究:

（1）核函数的选取当前并没有系统的理论作为指导，本书仅依据前人的研究结果选择了常用的径向基核函数来构建相关向量机模型。相关向量机的核函数选取不受 Mercer 定理限制，意味着该模型核函数的选取更为自由，未来可充分利用这一优势，结合不同类型核函数的特点，混合重构新的核函数，改善模型的学习性能和泛化性能。

（2）粒子群算法中需要设置一些参数，这些参数的好坏对算法的寻优结果有一定影响，本书是根据经验设置，未来可以对这些参数进行研究，以提高算法的寻优能力。

（3）随着工程领域自动化监测的开展，监测数据的获取越来越多，同时也越来越精确，但不可避免的是，这些数据中常存在噪声，本书在数据预处理时仅进行了标准化处理和缺失值处理，对于大坝安全监测中的环境量数据如何进行降噪处理，未来值得进一步研究。

（4）在拟定大坝安全监控指标，建立安全评价体系时，本书从数理统计角度出发，利用小概率原理确定了预警阈值，未来可以考虑引入其他方法来对大坝运行的安全性态进行评价，如模糊综合评价、基于有限元模型的结构分析等。